社会主义新农村建设中
新型农民教育研究

北京市教育科学规划课题报告

中国农业出版社
北京

郑风田 等 著

图书在版编目（CIP）数据

社会主义新农村建设中新型农民教育研究 / 郑风田等著．—北京：中国农业出版社，2016.1
ISBN 978-7-109-17650-8

Ⅰ.①社…　Ⅱ.①郑…　Ⅲ.①农民教育-研究-中国
Ⅳ.①G725

中国版本图书馆 CIP 数据核字（2013）第 033108 号

中国农业出版社出版
（北京市朝阳区麦子店街 18 号楼）
（邮政编码 100125）
责任编辑　刘　玮

北京科印技术咨询服务有限公司数码印刷分部　　新华书店北京发行所发行
2016 年 1 月第 1 版　　2016 年 1 月北京第 1 次印刷

开本：700mm×1000mm　1/16　　印张：14
字数：225 千字
定价：33.00 元

《神农书系》总序 / Shennong Series

科学研究与问题意识

温铁军

中国人民大学农业与农村发展学院随自身科研竞争力的提高，从建院第 5 年之 2009 年起资助本院教师科研成果出版，是为神农书系。本文针对学术界之时弊而作，引为总序。

一、问题：关于科学的问题意识

1. 科学不必“实技求术”

20 世纪 80 年代中国进入新的一轮对外开放的时候，我被公派到美国学习抽样调查和统计分析①。第一次上课，教师就先质疑社会科学的科学性！问：什么是科学成果？按照自然科学领域公认的实验程序简而言之——只有在给定条件下沿着某个技术路线得出的结果可被后人重复得出，才是科学成果。

亦即，任何后来者在对前人研究的背景条件有比较充分了解的情况

① 我是 1987 年在国务院农村发展研究中心工作期间被上级公派去美国密执安大学进修社会科学研究方法（1980—2000 年的 20 年里先后 3 次去了以方法论见长的社会调查研究所 ISR 和 ICPSR 进修学习）；后续培训则是在世界银行总部直接操作在发展中国家推进制度转轨的援助项目；随后，即被安排在中国政府承接世界银行首次对华政策性贷款的工作班子里，从事“监测评估”和应对世界银行组织的国外专家每年两次的项目考察评估；这就使我在 1980—1990 年的农口部门有了直接对话世界银行从发达国家聘请的经济专家和从事较高层次的涉外研究项目的机会，因此，当年被人戏称为农村政策领域中的“洋务派”。此外，我在 20 世纪 80 年代中期即介入了第一个专业的“中国社会调查所”的早期研究，1988 年参与了“中国民意调查中心”的民间创办，1990—1992 年实际主持了“中国人民大学社会调查中心”的创办和科研工作；还在国务院农村发展研究中心直接操作过以全国城乡为总体的抽样调查，后来在农业部负责过多个全国农村改革试验区以县级为总体的抽样框设计和调查数据分析。20 世纪 90 年代以来则参与了很多国家级科研项目的立项评估或结项评审。因此，本文实属有感而发，目的在于立此存照。

下，假如还能沿着其既定的技术路线重复得出与前人同样的结果；那么，这个前人的研究，应该是被承认为科学的研究……如此看来，迄今为止的大多数社会科学成果，都因后人难以沿着同样的技术路线重复得出与前人同样的结果，而难以被承认为科学!？由此，无论东西方的研究只能转化为对某种或者某些特定经验归纳出的解释性的话语。

由于这些话语的适用性在特定时空条件下的有限，因此，越是无法还原那个时空条件的研究，就越是体现了人们追求书斋学术的“片面的深刻”的偏执。

也许，除了那些“被意识形态化”了的话语因内在地具有政治正确而不应该列入科学性讨论之外，人类文明史上还不可能找到具有普遍意义或者普世价值的社会科学成果……

20 世纪 90 年代以来的社会科学研究强调的科学化虽然在提法上正确，但在比较浮躁的意识形态化的氛围之中，却可能成为普遍化的学术造假的内在动因。因为，很多以“定量分析”为名的课题研究尽管耗资购买模型而且有精确的计算，却由于既缺乏“背景分析”，也没有必须的“技术报告”，而既难以评估，也难以建立统一标准的数据库。更有甚者，有些科研课题甚至连做研究最起码的“基本假设”都提不出来，有些自诩为重大创新的、经院式的理论成果，却需要进一步讨论其理论逻辑与历史起点是否吻合等基本常识……

这些实际上与科学化背道而驰的缺憾，往往使得后人不能了解这种大量开展的课题研究的真实依据。如果科研人员不知道量化分析的基本功，不了解数据采集、编码和再整理、概念重新界定等各个具体操作环节的实际“误差”，就很难保证对该课题研究真正意义上的科学评价。对此，国内外研究方法论的学者多有自省和批评。

再者，由于很多课题结题时没有明确要求提供受国家基金资助所采集的基础数据和模型，不仅客观上出现把国家资金形成的公共财产变成“私人物品”的问题，而且后来者也无法检验该课题是否真实可靠。

何况，定性分析和定量分析作为两种分析方法，本来不是对立的，更没有必要人为地划线界定，非要偏向某个方面才能证明研究课题的科学性。

可见，科学研究还是得实事求是地强调具体问题具体分析，而不必刻意地“实技求术”，甚至以术代学。方法无优劣，庸人自扰之。如果当代学者的研究仍然不能具备起码的科学常识——理论逻辑的起点与历史经验的起点相一致，则难免在皓首穷经地执着于所谓普遍真理的进程中跌入谬误的陷阱！

2. 农经研究尤须分类

如果说，早期对不同方法的学习和实践仅形成了对“术”的分析；那么，后来得到更多条件从事大量的与“三农”发展有关的国际比较研究之后所形成的认识，就逐渐上升到了“学”的层次。诚然，面对中国小农经济的农业效率低下、农民收入徘徊的困局，任何人都会学看发达国家的农业现代化经验，但却几乎很少人能看到这枚硬币的另一面——教训。

我们不妨从农经研究的基本常识说起——

如果不讨论未涉及工业化的国家和地区，那么，由于农业自身具有自然过程与经济过程高度结合的特征，使其在世界近代通过殖民化推进资本主义工业化的文明史中没有被根除，因此，工业化条件下的世界农业发展分为三个异质性很强的不同类型：

一是前殖民地国家（美国、加拿大、澳大利亚为代表）的大农场农业——因殖民化造成资源丰富的客观条件而得以实现规模化和资本化，对应的则是公司化和产业化的农业政策。

二是前宗主国（欧盟为代表）的中小农场农业——因欧洲人口增长绝对值大于移出人口绝对值而资源有限，只能实现资本化与生态化相结合，并且60%农场由兼业化中产阶级市民经营，因此，导致一方面其农业普遍没有自由市场体制下的竞争力，另一方面与农业高度相关的绿色运动从欧洲兴起。

三是以未被彻底殖民化的居民为主的东亚传统小农经济国家（日本、韩国为代表）的农户经济——因人地关系高度紧张而唯有在国家战略目标之下的政府介入甚至干预：通过对农村人口全覆盖的普惠制的综合性合作社体系来实现社会资源资本化，才能维持“三农”的稳定。

由此看来，中国属于何者，应该借鉴何种模式，本来也是常识问题。

如果做得到“去意识形态化”讨论，那就会愿意借鉴本文作者更具

有挑战性的两个观点：

其一，依据这三种类型之中任何一种的经验所形成的理论，都不可能具有全球普适性。

其二，这三种类型之中，也都没有形成足以支撑“农业现代化”成之为国家发展战略的成功典范①。

中国之于1956年提出“农业现代化”的目标，一方面是那时候在发展模式上全面学习苏联，并为此构建了意识形态化的话语体系和政策体系；另一方面，客观上也是迫于城市工业部门已经制造出来的大量工业产品急需借助国家权力下乡的压力——如果不能完成工农两大部类产品交换，中国人改革之前30年的国家工业化是难以通过从“三农”获取原始积累来完成的。

时至今日，虽然半个世纪以来都难以找到几个投入产出合理的农业现代化典型，人们却还是在不断的教训之中继续着50多年来对这个照搬于先苏后美的教条化目标的执着，继续着对继承了殖民地资源扩张遗产的发达国家农业现代化经验明显有悖常识的片面性认识。

显然，这绝对不仅仅是农经理论裹足不前的悲哀。

二、学科基础建设只能实事求是②

以上问题，可能是国家资助大量研究而成果却难以转化为宏观政策依据、更难以真正实现中国话语权及学术研究走向国际性的内在原因。甚至，令学术界致毁的、脱离实际的形式主义愈演愈烈，真正严肃的学术空气缺乏，也使得这种科研一定程度上演化成为各个学科“小圈子”内部分配——各种各样的人情世故几乎难以避免地导致当今风行的学术

① 参见温铁军，《三农问题与世纪反思》，生活·读书·新知三联书店，2005年第一版。

② 2004年暑假，当我以53岁高龄被“引进”中国人民大学、担任农业与农村发展学院院长之职的时候，曾经有两种选择：其一是随波逐流、颐养天年；其二是最后一搏、力振科研。本能告诉我，只能选择前者；良知却迫使我选择了后者。执鞭至今五年有余。在校领导大力支持和全体教职员工共同努力下，本院借国家关注“三农”之机，一跃成为全校最有竞争力的院系之一：教师人均国家级纵向课题1.5个，人均课题经费30万；博士点从1.5增加到4.5个，还新组建了乡村建设中心、合作社研究院、可持续高等研究院、农村金融研究所等4个校属二级科研教学机构。其间，我虽然了解情况仍然不够全面，但对于现行教育体制问题的认识还算比较新鲜；再者，在这几十年来的“三农”研究中，有很多机会在国外著名高校学习交流，或在几十个国家的农村进行考察，也算有条件做些比较分析。于是，便就科研进一步服务于我国“三农”问题的需求提出这些不成熟的意见；仅供参考。

造假和教育腐败。

我们需要从以下两个方面入手，实事求是地抓好基础建设。

首先是清晰我们的问题意识，从本土问题出发深入调查研究；敢于挑战没有经过本土实践检验的理论观点。当然，一方面要放弃我们自己的意识形态化的讨论；另一方面，尤须警惕海内外任何具有意识形态化内涵的话语权争论被学术包装成科研成果；尤其是那些被广泛推介为具有普适性的理论。在农经界，主要是力戒邯郸学步和以术代学等多年来形成的恶劣学风的影响。

其次是改进定量研究。如果我们确实打算“认真”地承认任何一种新兴交叉科学在基础理论上的不足本身就是常态，那么对于新兴学科而言，最好的基本研究方法，其实恰恰是“后实证主义”所强调的试验研究和新近兴起的文化人类学的参与式的直接观察，辅之以采集数据做定量分析。同时，加强深入基层的科学试验和对个案的跟踪观察。近年来，国外比较先进的研究方法讨论，已经不拘泥于老的争论，开始从一般的“个案研究”演变为资料相对完整、定性和定量结合的“故事研究”。我们应该在现阶段仍然坚持定性与定量分析并重的原则，至少应该把参与式的试验研究和对不同个案的实地观察形成记录，都作为与定量分析同等重要的科学方法予以强调。否则，那些具有吃苦耐劳精神、深入基层从事调查研究的学者会越来越少。

再次是改进科研评价体系。我们在科研工作中应该修改开题和结题要求，把支持科研的经费综合统筹，从撒胡椒面的投入方式，转变为建立能够容纳所有国家资助课题的数据库和模型的共享数据系统，从而，对研究人员的非商业需求免费开放（个别需要保密的应该在开题前申明），以真正促进社会科学和管理科学的繁荣；同时，要求所有课题报告必须提交能够说明研究过程的所有环节出现的失误或偏差的“技术报告”（隐瞒不报者应该处罚）；要求任何重大观点或所谓理论“创新”，都必须提供比较全面的相关背景分析。

既然中国人的实事求是传统被确立为中国人民大学的校训，那就从我做起吧。

（2009 年国庆中秋双节于北京后沙峪）

目　录

Shennong
Series

Shennong
Series

图表目录

Shennong
Series

第 1 章　研究背景

十七届三中全会通过的《中共中央关于推进农村改革发展若干重大问题的决定》指出，要“提高农民科学文化素质，教育有文化、懂技术、会经营的新型农民”。尤其强调要提高义务教育质量，重点加快发展农村中等职业教育并逐步实行免费。健全县域职业教育培训网络，加强农民技能培训，广泛培养农村实用人才。并要求鼓励人才到农村第一线工作，对到农村履行服务期的毕业生提供各种优惠条件。这些都反映了中央对于农村教育，尤其是新型农民教育的高度重视。

回顾改革开放以来的农村教育和农民培训，一个令人关注的事实是：尽管国家对农村教育的投入不断增加，农村人口的平均受教育水平也逐渐提高，但真正能够留在农村、为新农村建设服务的人才却寥寥无几。教育这种被认为是提升人力资本，进而促进当地经济发展的最有效手段，在中国农村反而成为人力资源的“抽水机”，大量农村优秀人才被源源不断地抽向城市。

在这种情况下，我们讨论“新型农民”的教育，并不能仅仅单纯就教育论教育，必须研究如何找到合适的方法和途径，让农村地区能够吸引人才并留住人才，让农村教育培养出的人才能够真正为农村所用。只有这样，“新型农民”教育才能真正为农村建设服务，也才能真正实现发展农村、建设农村的目标。

1.1　当前社会主义新农村建设和新型农民教育的现实背景

建设生产发展、生活宽裕、乡风文明、村容整洁、管理民主的社会主义新农村，是构建社会主义和谐社会的必然要求，是统筹城乡发展、实现共同富裕的根本途径，是农村“三个文明”建设的可靠保证。建设社会主义新农村的关键在于培养和造就有文化、懂技术、会经营的新型农民，其基础在教育（中央“一号文件”，2007）。然而，我国当前所面临的严峻现实是：我国城乡间传统的人力双重循环回路，在现代经济的冲击下已然断裂，大量由农村地区培养出的优秀人才涌向城市却不再回流。这对新农村建设带来人力资本方面的极大挑战。

1.1.1 城乡人力双重循环回路断裂，流出的智力资源得不到相应补充

费孝通先生认为，传统中国“双轨式”政治制度设计，使得城乡之间、官民之间可以通过“科举考试”形成的人力流出和“荣归故里”带来的人力回流实现良性社会循环，然而随着1905年科举制度的取消，新学教育的发展使农村失去了人才，新知识分子的生活场所和活动空间由乡村转移到城市。由于只存在精英分子从乡村到城市的单向流动，乡村精英脱离草根向城市集中，造成乡村社会人才“真空”，城乡之间互动循环的社会结构被彻底打破，农村智力资源大量流失（吴理财，2006）。新中国成立以后，实行的“上山下乡”运动和知识分子与工农兵相结合政策，使农村里聚集了不少优秀人力（仲大军，2001）。人力的流动带来信息流，“上山下乡”从某种意义上说促进了农村人力资源的提升，但这种方式很快随着时代的变迁成为历史。20世纪80年代后期，特别是90年代初以来，农村人口大量流动到城市：农村知识青年通过高考走出农村，青壮年劳动力也到城市打工，形成了人力资源从农村到城市的单向流动，但城乡之间的人力双轨流动却不复存在。农村教育培养出来的精英人才很少回到农村为当地建设服务，整个农村的人力资本处于亏损的状态，农村人力资源不断被城市抽走而得不到新的补充，城乡间人力双轨循环回路断裂了。

1.1.2 当前农村地区成为我国人才的“洼地”，社会主义新农村建设缺乏必要人才

城乡之间不仅存在经济上的“剪刀差”现象，即城市通过压低农产品价格并提高工业制成品售价而从经济上剥夺农村，在人力资源方面，同样存在着这种“剪刀差”：农村一方面向外输出了大批人力，另一方面其本身却处在对人力的“饥渴”状态。多年来各种人力资源从农村单向流入城市，导致农村人力资源大量流失，主要有三种途径。

其一，农村青年考学形式的流出。随着高等学校的不断扩招，每年从农村考出的学生比例在逐年上升，2005年全国高校招生中农村生源比例达到53%（苟人民，2006），但农村输送出去的大学生不愿回乡，造成了农村优秀人力的出多进少格局。农民几乎把所有的积蓄投资于子女的教育，农民子女接受高等教育也普遍化了，然而农村劳动力文化素质并没有得到实质性的提高（贾彧，2006）。

其二，农民外出务工形式的流出。农民外出务工已成为农村人力流失尤其是劳动

力流失的主要途径。以北京为例，北京社会科学院2007年年初发布的报告称，在北京的农民工有310万人，其中57%以上想留京生存、定居。目前，我国累计有1.2亿农村劳动力外出务工经商，这部分人在年龄、知识、才能等方面一般都高于在乡村务农者。留在农村的则只剩下所谓“386199部队”，即老人、妇女和儿童，从事农业生产的主要是年龄大、素质不高、身体差的农民。在这种情况下，传统农村生产方式由于缺乏知识、技术等先进生产要素的注入而只能维持原有水平的简单再生产（徐勇，2005）。

其三，农民参军入伍形式的流出。当兵也是农民进入城市的重要途径。我国每年参军的人数中来自农村地区的新兵占大多数。这部分人大多身强力壮，部队中的严格训练使他们见识广、素质强，若回到农村则能成为优秀的劳动力，也有机会成为农村社会中的精英分子，从而在新农村建设中起到带头作用。然而他们中的大多数退伍转业后不再回到农村，而是继续留在城市寻找工作机会，利用自身优势从事保安等工作，由此造成农村人力资源的极大流失。

现在，我国城乡“二元结构”在经济利益关系上是城市“盘剥”农村，在人力资源上是高层次人才从农村向城市单向流动（袁桂林，2003）。农村向城市单向提供资金、土地和人力资源，在经济方面，进入20世纪90年代以来，“剪刀差”呈不断扩大的趋势，每年“剪刀差”的绝对值都在1000亿元以上；而在人力资源流动方面，农村成为人力资源的“洼地”。如今农村的优秀人力资源通过各种途径提供给城市，从而出现了城乡人力资源的“两极分化”现象，农村地区精英和青壮年劳动力外流，大量“空心村”出现，造成城市的片面繁荣和乡村的广泛衰败，城乡间的资源没有形成真正意义上的良性循环。在缺乏人力资源的支撑的情况下，社会主义新农村建设也就无从谈起。

1.1.3 我国现行的农民教育与职业培训无法满足新农村建设的需要

首先，在义务教育阶段，我国现行的农村义务教育体制是升学体制，成为农村人力外流的主要推动力。

在传统的农村基础教育中，不少学生只能接受升学取向的教育。这不可避免地使教与学的行为出现被动性和极端功利性的特征：教育在农村发生，但又漠视农村社会、农业生产、农民生活，盲目追求分数，一切只为升学服务（覃章成，2005）。由此

培养出的学生少部分通过考学彻底离开农村，更多的则在残酷的升学竞争中被淘汰，大量缺少基本从业技能的毕业生回乡务农或外出打工。脱离“农村真实的教育环境”和“离农教育”的价值取向，使得农村教育成为“虚假的教育”，并使得农村学生的学习生活成为一种缺乏职业意识和职业准备的“虚化的生活”（覃章成，2007）。农村教育照搬城市教育模式，脱离农村经济社会发展和农民的生产生活实际，培养的是单一的脱离农村、脱离农业的人才（王兆林，2006）。制约农村教育发展的根本问题，在于其目标的单一应试性、唯城市性和离农性，应该明确，农村教育主要是为农村培养现代化建设者，而不是培养可以进城、上大学的各类应试者（广少奎，2006），而当前我国农村的义务教育，却恰好走上了相反的方向，客观上造成农村人才的严重外流。

其次，在职业培训方面，我国当前对农民的职业培训长期受到忽视，发展进程缓慢，面临资源短缺、政府扶植不够、社会参与不足等问题，且主要为进城打工者提供各种技能服务，而很少以培养本地留得住的人才为目标。

据统计，我国 8 亿多农村人口平均受教育年限只有 7.3 年，科学素质水平只有城市居民的 1/6 左右，其中受过专业技能培训的仅占 9.1%，接受过农业职业教育的不足 5%，绝大多数农村劳动力仍属于体力型和传统经验型农民，尚未掌握现代生产技术（高强，朱启臻，2007）。

从总体上看，我国农民职业培训工作还存在以下问题：一是培训规模小。二是认识不到位。很多地方对农民培训缺乏足够的认识和重视，特别是忽视对留在当地农村务农农民的培训。三是投入不足。现在各级财政对农民培训投入都不足，中央财政目前在农民科技培训方面每年也仅有 5 000 万元，工作全面推动难度较大。四是农民教育的制度安排模式比较单一，政府性供给渠道仍然占据着主导地位。五是需求与供给之间存在不对等性，农民教育“需求有余，供给不足”的局面仍然存在（柯炳生，陈华宁，2006）。六是职业技术学校办学模式单一。农村职业学校绝大多数由普通高中改制而成，管理模式和教学模式基本上来自普通中学，长期以来形成了以专业定向为主导的教育模式，在市场经济条件下越来越不适应需要。七是专业设置不符合农民需求。不少学校存在办学目的商业化、办学方向随机化、办学模式普教化、办学行为短期化的现象。八是课程脱离经济社会发展实际。教学内容与经济技术发展脱节，学校的运作机制还没有转到市场机制上来（金华宝，2006）。九是重外出务工培训，轻本地农业技能教育，在一些地方尤其是劳务输出较多的地区，对于外出务工农民的职业技能培训已经逐渐受到各方面的重视，但对本地农民农业技术方面的培养教育，却一直处于停滞不前的状态，受到的关注远远不够，这又对农村地区的劳动力流失起着推波助澜的作用。

1.2　已有研究进展综述

1.2.1　农村义务教育的问题与对策

基础教育对提高人的素质有着基础性、根本性、长远性的意义，它能为受教育者提供生活于现代文明社会所需要的最基本的知识与文化，并为学习专业知识和技术、技能奠定必要的基础。其他各种形式的教育必须以基础教育为基础，其他国家的发展经验表明，小学和初中阶段的教育投资是各项投资中收益率最高的（刘国瑜，2007)，在农村地区尤其如此。因此，对我国农村来说，义务教育阶段的成效，将对农村未来劳动力的综合素质起到关键作用。

学者们认为，中国农村义务教育所面临的问题首先体现在资源分配上，这其中，投入机制的不均衡导致的资源配置不公是最令人关注的话题。李洪君，张小莉(2007）指出：1986年，由于乡镇财政的建立，农村义务教育之“分级办学”就表现为“乡学乡办、县学县办”，在尚不发达的社会经济结构中，这种以基层政府（乡、县）分级办学为主的模式具有少花钱多办事的经济、社会绩效，但却使农民与地方政府为此承担了巨大成本。2000年开始的农村税费及教育投入方面的改革措施，虽然豁免了乡镇政府在义务教育投入上的责任，然而在高端—低端政治结构不均衡的背景下，农村义务教育投入仍然是一个问题。农业税的取消和农村地区义务教育阶段学费的减免更加剧了农村地区的教育经费短缺问题，尽管中央开始深化农村义务教育经费保障机制改革，决定和地方按比例分担减免学杂费资金、教科书资金和住宿生生活费等，增加了中央对农村义务教育的投入，但上述改革从2006年起分步骤实施，至2010年才能全部落实到位，且主要是对中西部地区的资金支持，而农村教育经费紧缺的情况在我国东部地区同样存在。另外，过去乡村教育中欠下的债务也因农业税的取消而难以偿还，这不仅会成为县乡财政的沉重负担，而且也会对当地教育发展和农村稳定带来不良影响（刘连环，高维林，2007)。

资源配置的城乡差距带来城乡之间在教学环境、质量等各方面的巨大鸿沟，也导致农村地区优秀的教师和生源逐渐离开农村被城市“吸走”，从而使得城乡教育中原

本存在的差距进一步扩大。李伯玲等在 2004—2006 年对吉林、山东、山西、甘肃、青海、内蒙古、安徽、重庆等不同地区的教师待遇所做的调查显示：虽然各地区情况略有差异，但总体情况是城市教师的平均工资收入、课时津贴以及年节等奖酬金、岗位津贴等都明显地高于农村教师。这不仅造成了部分优秀教师流失，影响了现有农村教师的工作积极性，也阻碍了优秀大学毕业生进入农村教师队伍，对农村教育造成不良影响。因此，改变现行的教育投入机制，加大对农村地区基础教育的投入力度，完善农村义务教育投入保障制度，提高农村教师的工资待遇，是政府目前工作的当务之急（崔秀荣，2007）。

而在义务教育阶段的课程设置方面，学者们认为农村教育课程缺乏适应性。我国农村基础教育的课程设置没有处理好文化课与职业技术课间的关系，教师结构和专长不适应农村教育发展。其中的主要原因在于农村基础教育的目的不明确，学习内容城市化、教学方法趋同化、评价制度不完善、学校的定位不够清楚、教育结构不均衡、家长态度不明朗（广少奎，2006）。所以，“为农服务”的内涵需要重新定位，以农村学生为农村基础教育课程改革的直接价值主体和为农服务的首要对象；农村课程发展策略应以农科教结合、三教统筹以及国家、地方、学校三类课程的统一为“为农服务”的基本策略；以城乡教育的一体化和农村教育的信息化为“为农服务”的基础和前提（吕丽艳，秦玉友，2003）。

1.2.2 农民职业教育培训的研究进展

目前，我国农村劳动力中接受过短期职业培训的占 20%，接受过初级职业技术培训或教育的占 3.4%，接受过中等职业技术教育的占 0.13%，没有接受过技术培训的竟高达 76.4%，而美国、加拿大、荷兰、德国、日本农村劳动力中受过职业培训的比例都在 70%以上（中国农民工问题研究总报告起草组，2006）。开展农民职业培训，使农民掌握一技之长，提高农民的致富本领，是新农村建设进程中一项最基础、最根本的工作。实践证明，新型农民培训是一项系统工程，需要整合各种教育资源，创新农民职业教育体系，要通过国家立法，形成健全的职业教育与职业培训法律法规体系，强化劳动准入制度的权威性，还要适应市场和农民的需求，不断根据社会需要调整教学内容，实行灵活多样的培养模式和教学方式（金华宝，2006）。

柯炳生等（2006）提出培养新型农民、全面提高农民素质的途径：加强农村基础教育，提高农民文化素质；大力发展农村职业教育，提高农民科技素质；积极开展农民思想道德法纪教育，提高农民现代文明素质。丁杰（2006）提出应分类开展农村劳动力职业技能培训，对象应包括富余劳动力、已转移输出劳动力、在第一产业就业和返乡创业人员在内的全部农村劳动力，根据各自的不同需求和特点加以分类培训。持同样看法的还有高强等（2007），他们在总结各地、各类农民培训的基础上，主张农民培训应根据培训对象的特点把农民分为农村一般劳动力、农业大户、回乡创业人员、农村经纪人、专业合作经济组织骨干等培训对象，采取分类培训的方法，以提高培训的有效性和针对性。

对于国外农民培训的借鉴问题，杜妍妍等（2005）关注发达国家农民培训的特点，总结其共性有立法支持、通过经济手段激励农民参加培训、鼓励农业企业和农牧场主开办农业职业培训机构参与培训市场的竞争、以严格的教师录用标准保证培训师资的质量、农民培训的针对性和实用性强、不断拓展培训领域、鼓励社会各界协作以加强农民培训的体系建设等。赵正洲（2005）等人则把国外的农民培训模式分为东亚、西欧和北美三种：东亚模式是指适应于人均耕地面积低、难形成较大的土地规模经营的农业生产特点，以政府为主导，以国家立法为保障，以不同层次和类型的培训主体对农民进行多层次、多方向、多目标的教育培训；西欧模式是指体现以家庭农场为主要农业经营单位进行农业生产的特点，以政府、学校、科研单位、农业培训网四者有机结合，通过普通教育、职业教育、成人教育等多种形式对农民进行的培训；北美模式是指适应以机械化耕作和规模经营为主要特点的农业生产，通过构建完善的以农学院为主导的农业科教体系，实现农业教育、农业科研和农技推广三者的有机结合，从而提高农民整体素质的培训。几种模式各有千秋，但共同特点是管理法制化、主体多元化、体制科学化、方式多样化、投入规范化。这些都是值得我国认真借鉴的。

1.3　现有研究的缺漏和不足

1.3.1　对于当前农村教育存在的“抽水机”现象仅有定性描述，缺乏基于实证的定量分析

现有研究大多指出了新农村建设中人力资本是关键因素，强调培养“有文化、懂技术、会经营的新型农民”的重要性，同时指出现有的农村教育具有较强的“离农

化”倾向，不仅不利于“新型农民”的教育，反而还将加速人才的外流，形成所谓的教育“抽水机”，即对农村地区教育投资并不能带来当地人力资本的提高，也不能对当地经济发展带来促进作用，甚至产生相反的效果。

然而，目前对于这一现象的探讨大多停留在定性层面上，还缺乏基于数据和实证的定量分析，尽管从现有的部分案例来看，的确存在着“教育投资与当地经济发展不同步”的现象，但还需要进一步的分析，才能得出令人信服的结论。

1.3.2 大多关注怎样通过培训使农民“走出去”，对于如何引导农民“留下来”研究不足

在目前对于农民教育和培训的研究中，大多数学者都从工业化和城镇化的角度出发，看到随着我国工业化进程的发展，对劳动力素质的要求日益提高，然而当前农民工的整体技术素质比较低，一些地方还出现了高级技术工人“断层”的现象，难以适应现代化企业的需要，也影响了产业结构升级。因此农民工的培训教育也就显得尤为重要。在城镇化过程中，教育培训也能使劳动力转移更加顺利，与目前劳动力市场正在由单纯的体力型向专业型、技术技能型转变的趋势相适应。另外，从农民自身角度来看，目前在劳动力富余的情况下，大部分农民工只能低价出卖自己的劳动，而有一技之长的农民工则能获得较高的报酬和待遇。因此，加强对劳务农民工文化、法律、常识和技能培训，提高劳务水平，赢得更广泛的就业机会，是增加农民工收入的好办法。

但是，在关注如何通过各种培训加快农村劳动力转移，为城市建设输送更多人力资本的同时，学者们对如何引导农民回乡建设或创业，如何让高素质的劳动力参与到新农村建设中来等问题却研究不足。在当前大量劳动力外出打工，农村中从事第一产业的多为老人、妇女、儿童，被戏称为“386199”部队的情况下，培养“新型农民”，建设社会主义新农村面临巨大挑战。对外出务工农民培训的强烈关注，与城市导向的发展战略和农村居民在城乡差异巨大的情况下，格外向往离乡入城，对相关培训有较大需求密切相关，但若一味强调为外出务工农民提供培训，则很可能进一步强化“抽水机”作用，使优秀的农村青年更多地被城市吸走，却缺乏相应的“回流”机制让人力资本重新回到农村参与建设，这是现有研究中一个很大的不足之处。

此外，对于该如何构建城乡人力资源流动回路，建立健全农村多层次培训制度，加强农村本位人力资源的教育和开发，以及如何吸引部分转移人力资源回流，吸引有

资金、技术、经验的人员回乡投资创业，也仍然值得我们更深入地研究和探讨。

1.3.3　偏重国外经验介绍的多，而对国内各地已有试验分析较少

现有的对农村教育和职业培训的研究中，对国外的经验介绍更为偏重，如日本以大学本科教育、农业大学校教育、农业高等学校教育、就农准备校教育和农业指导士教育五层次分级培养，教育系统为主体，农业改良普及事业系统予以配合的政府主导模式；韩国的“4H”教育、农渔民后继者教育和专业农户教育分层递进式开展的方式；欧洲要求农民必须接受职业教育，取得合格证书后才能取得经营农业的资格，并享受国家的农业补贴和优惠贷款政策；美国构建以农学院为主导的完善农业科教体系，农业教育、农业科研和农技推广三者有机结合的形式。这些都受到国内研究者们的广泛关注，并归纳总结出各种经验为我国的农民教育培训提供借鉴。

可是，国外的经验毕竟有其各自特有的环境和历史背景，并不一定适合中国的情况，因此也就不能简单地进行照搬或者套用。与此同时，中国本身也有着不少农民教育培训的实验和优秀经验，如新农村建设的实验点、由民间组织或非政府组织（NGO）主导开展的乡村建设和农民培训试验、开展多年的大学生志愿服务西部计划、最近几年兴起的大学生“村官”培训计划，以及河南、四川、安徽、江西等地开展的回乡创业试验等，这些都具有极高的研究价值，但现有的研究对这些内容都较少涉及，相关的文献大多仅为介绍或者简单的调查报告性质，对其中的成功经验和相关问题缺乏深入分析。实际上，如果采用目前国际上比较前沿的试验经济学方法，对这些为进行新农村建设所进行的“自然试验”进行更多的挖掘，可能得到更多富有价值的信息，而现在我国对此的研究尚少，这是十分可惜的。

第 2 章　研究思路与方法

2.1　研究思路

本书关注当前农村地区人力资本的大量流失，以发展经济学中的“Brain Drain”和“Brain Circulation”理论为指导，把握“如何让优秀的人才在农村建设自己的家园”这一主线，以教育符合新农村建设要求的新型农民为核心，从智识教育和非智识教育两大体系入手，着眼于对农村居民本身的教育培训和对优秀人力资源的引进，通过对我国各地已经开展的各种教育新型农民的“自然试验”进行深入研究和总结，并结合国外经验，最后得出教育新型农民的整体对策。本书的研究思路如图 2.1 所示。

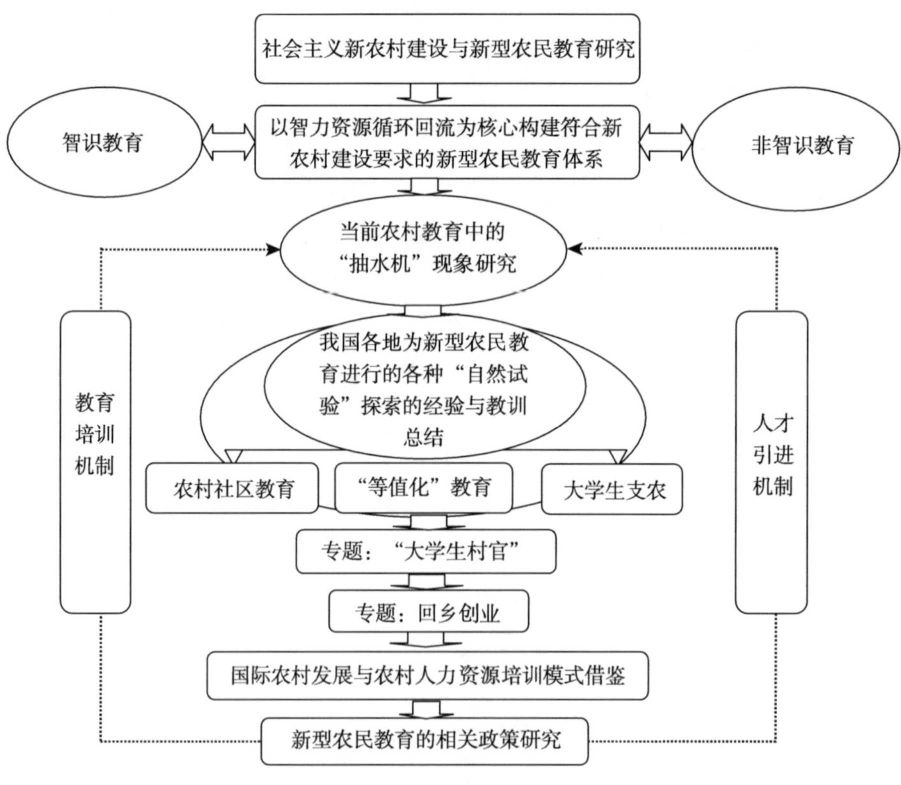

图 2.1　研究思路示意图

试图回答以下几个问题：①目前我国农村教育是否存在导致人力资源流失的“抽水机”现象？其具体作用机制表现在哪些方面？②为了重构人力资源回流机制，教育社会主义新农村建设需要的“新型农民”，我国各地探索的各种自然实验，其经验与教训是什么？③大学生“村官”、回乡创业等最近开展的促进人力资源回流农村的试点工程，其具体运作过程中有哪些经验和教训？对社会主义新农村建设和新型农民的教育又有哪些影响？④日、韩等与中国农村情况有相近之处的国家，在农村发展与新型农民教育方面有什么经验与教训？⑤如何适应我国新农村建设与新型农民教育的要求，通过教育体系和教学内容改革，纠正当前农村优秀劳动力和精英大量外流，农村空心化现象日益严重的局面？

具体的研究内容包括：

2.1.1　当前农村教育中的“抽水机”现象研究

自从 20 世纪 60 年代美国经济学家西奥多·舒尔茨首次明确提出人力资本对经济发展的作用之后，教育往往被认为是人力资本投资的最为重要的形式。通过教育投资来提升人力资本，被认为是促进经济发展的重要举措。在此背景之下，教育投资力度的加大，特别是农村教育投资力度的加大，往往被认为是医治农村人力资本缺乏的灵丹妙药。因此，20 世纪大学扩招带来的农村学子入学率增加和农村义务教育学费减免等举措，都使得许多人欢呼雀跃，认为此举将会为农村教育大量人才。但是殊不知，结果只是城市中大量大学生就业难，而农村依旧“孔雀东南飞”，人才不见。

在此背景下，我们不得不对当下的这样一种教育制度进行反思。教育投资是造就了大量的人力资本，但是却是一大批被闲置的人力资本。其原因就在于教育投资本身就不是对农村人力资本的投资，而是一味地对城市人力资本的投资。教育不但没有缓解农村人才外流的现状，更是加剧着农村人才外流。最终扮演着一个“抽水机”的角色，将农村中的人力资本抽吸到城市中。这部分人力资本一部分由于无法就业或者不匹配就业，造成了人才的闲置；一部分就是在促进了城市经济发展的同时，却不能对农村经济起到任何的作用。

虽然研究人力资本与经济增长之间关系的文献、研究人力资本与农村经济增长之间关系的文献已经汗牛充栋，但是具体研究教育投资与农村经济发展之间关系的文献目前仍旧比较少，并且将二者之间的关系与“教育抽水机”联系在一起的文献更是少

之又少。本书希望通过实证研究，从定量角度验证中国农村教育中存在的“抽水机”现象，并在此基础上对现有的农村教育体制和内容提出批评，最终给出改革农村教育的政策建议，研究如何教育真正能够为社会主义新农村建设所用的“新型农民”。

2.1.2 我国各地为新型农民教育进行的各种“自然试验”探索的经验与教训总结

为了探讨新型农民的教育，我国各地已经进行了不少的改革探索，这些试验探讨有些已产生很好的影响，为未来我国新农村的建设提供很好的借鉴。本书拟对北京及国内这些相关的改革试验进行较全面的总结与分析，具体包括以下内容。

2.1.2.1 农村社区教育培训等“新乡村试验”经验教训总结 中国人民大学农业与农村发展学院现已在海南石屋建立农民社区大学等“新乡村试验”基地。这些试验基地的建设，对探索未来新农村建设与新型农民教育有很重要的意义。本书拟对这些试验进行较全面的分析与总结。

2.1.2.2 “城乡等值化”理念下的新型农民教育案例经验总结 1989 年起，在汉斯·赛德尔基金会支持下，山东省与德国巴伐利亚州在南张楼村合作进行了一次“城乡等值化”试验，力图通过改善农村基础设施，提高农民生活质量，减少农民涌向城市。10 多年后，有 4 000 余人的南张楼村流出的人口不超过 100 人，初步达到了“留住农民”的目的。1993 年起，基金会开始组织学校的老师到基金会在中国其他地方的培训机构进行培训，主要是木工和金工的技术，为的是能在南张楼试验“双元制教育”。

“等值化试验”在山东南张楼村起到了留住农村人才的积极作用，本书将通过案例对比研究等方式，总结“等值化试验”对农村地区人力资本维持和回流所产生的积极效应。

2.1.2.3 在全国范围内广泛开展的“大学生支农”计划 早在 20 世纪二三十年代，知识分子前往农村，帮助当地文化、教育、生产、社会等各方面发展，就已在中国形成一股不小的浪潮，而新世纪以大学生为主体开展的“三下乡”、乡村调研、支教扶贫等活动，以及由共青团中央号召开展的“大学生志愿服务西部”、“三支一扶”等计划，更是在全国范围内将大学生支农活动推向一个前所未有的高潮。

本书将从回顾大学生支农活动的源起和发展历程开始，关注全国不同地区开展大学生支农计划的主要模式和效果，研究其对重构人力资本回流机制产生的作用，分析目前的大学生支农模式存在的主要问题，探讨如何建立长效机制，吸引更多的优秀人才扎根农村，以“新型农民”的身份参与到社会主义新农村建设中来。

2.1.3 基于实地调研数据，针对“大学生村官”计划的专题研究

“大学生村官计划”是指在农村基层干部普遍学历偏低、年龄偏大，迫切需要新鲜血液，而城市中的大学毕业生供大于求，就业压力较大的背景下，选拔大学毕业生到农村担任村干部或者村干部助理的农村人才回流形式。“大学生村官”的进驻，对所在村的人力资源发展有两大作用：一是通过“鲶鱼效应”促使原村干部努力提高自身文化素质以及管理素质；二是对该村的村级精英乃至普通村民起到带动作用，帮助他们开阔眼界，提高其学习新知识、新技能的决心和动力，并能起到一定的帮扶辅导作用。此外，“大学生村官”利用自身信息来源多、社会关系网络强等优势，也能邀请到更多专家学者对所在村进行培训和指导，从而带动本村人力资源水平的提高。

本书拟采用案例调查探讨“大学生村官计划”的经验和其中存在的不足之处，积累经验并总结教训，研究这一计划是否真的能够通过优秀人力资源的输入，产生激励效应和带动作用，使所在村获得人力资源方面的提高，从而带来经济的发展和新农村建设步伐的加快。

2.1.4 基于实地调研数据，针对“农民工回乡创业”“大学生回乡创业”计划的专题研究

回乡创业实验包括大学生的回乡创业和外出务工农民回乡创业两种类型。其中，将大学生与农村结合以来，创造机制和途径，将城市中那些适合而且愿意到农村的大学生引到农村就业或者创业，作为一个回流现象，完善了城乡人才断裂的链条，如果创造良好而又可行的机制，确实可以解决部分社会精英的就业问题，也为农村带来复兴的人才基础。同样，外出务工农民的回乡创业对拓展农村就业，发展县域经济有着重要的意义，对促进农村城镇化发展有积极的影响，其实际价值和意义远超过创业者本身的创业活动。

本书将对不同省市开展的大学生回乡创业和外出务工农民回乡创业分别进行调研考察，采用问卷形式收集相关数据，运用案例调查和深入访谈、小组座谈等形式了解回乡创业者的经历和想法，利用实证方法研究回乡创业的影响因素，以及回乡创业活

动对农村经济发展的影响，并考察这种创业行为的积聚能否导致当地人力资本外流量的显著降低。

2.1.5 国际农村发展与农村人力发展培训模式的比较与借鉴

就国际经验来看，在发达国家，农村人力发展培训包括以农业科技知识为内容的农民农业学历教育、起补充和后续教育作用的农民培训和受众面积最大的农业推广等几个部分，具体到各个国家，又可分为日韩模式、欧洲模式和北美模式三种。本书将通过查阅相关文献资料，对这几种模式的具体运作方式和各自的优缺点进行关注，尤其注意它们的发展条件和环境背景，研究这些模式对相应外在环境和支持体系的要求，了解它们对于中国农村情况的适用性。

其中，将特别关注以下两种农村人力发展培训模式。

2.1.5.1 日韩农民教育培训模式 与中国相近，日本和韩国的农村人均耕地面积低，很难形成较大的土地规模经营，农业生产以小农为主，且又有着相近的文化背景，这就使得它们的农民教育培训模式对中国有较强的借鉴意义。日、韩的农民培训大多为政府主导，由国家统筹规划，政府农业部门与相关部门分工指导和协作，都比较重视培养方式的层次性，即针对有不同培训需求的农民，制定不同目标，采用不同方式加以教育，另外，对于农业后继人的培养也是这两个国家共同关注的地方。

日、韩的农民教育培训模式实际上已被中国较多的借鉴，本书主要关心它们在过去的发展中面临的种种问题和近年来的新进展，研究哪些问题可能在中国重演，应该如何避免。此外，日、韩两国毕竟与中国以及北京的内外部环境有所不同，本书从这一角度出发，来研究将日、韩的农民教育培训模式借鉴到中国时，需要进行哪些方面的改进。

2.1.5.2 德国的城乡等值化试验及双元制教育模式 城乡等值化理念来自德国的“巴伐利亚经验”，是指农村在生产、生活质量而非形态上与城市逐渐消除差异，通过土地整理、村庄革新等方式，实现“与城市生活不同类但等值”的目的，这与中国目前的城乡统筹发展理念有所相通，且对于缓解当前中国农村人力资本大量外流的现象有所帮助，很值得我们加以深入探讨和研究其在中国的可移植性与可行性。

而“双元制”教育模式是德国享誉世界的一种职教模式，这种“双元制”职教模式对德国劳动者的高素质、产品高质量，以及德国经济在国际上的持久竞争力都起着重要的作用。所谓“双元制”职业教育，是指学生在企业接受实践技能培训和在学校接受理论培养相结合的职业教育形式。接受双元制培训的学生，一般必须在获得综合中学或实科中学（相当于我国的初中）毕业证书之后，自己或通过劳动部门的职业介绍中心选择一家企业，按照有关法律法规，同企业签订培训合同，获得一个培训位置，然后再到相关的职业学校登记取得理论学习资格。这样，他就成为一个双元制职业教育模式下的学生，即他具有了双重身份——在企业是学徒工，在学校是学生，他有两个学习、受训地点——企业和学校。德国学生初中毕业后，75%以上都直接进入企业和职业学校接受“双元制”教育培训，只有 25%的学生进入普通教育。

相对于学校制职业教育，双元制职业教育更注重实践技能的培养。由于学生在特定的工作环境中学习，使得学生和企业有了更多的交流机会，大大降低了培训后失业的风险。另外，由于跨企业培训中心具有其他形式无可比拟的优势，在原东德地区被越来越多地用来作为培训机构不足的补救措施。这些优点恰好能用于解决我国的农民职业教育所面临的几大问题，因此，研究实现双元制教育所需的具体条件和相关支持，以及其实施过程中需要注意的各种问题，讨论该如何在我国的农村教育中借鉴双元制模式，是十分有意义的。

2.1.6　对策建议：如何开展新型农民教育，促进社会主义新农村建设的相关政策研究

教育与培训新型农民的关键是培养留得住、对新农村建设的发展能够起到真正作用的人力资源，即把以前的“抽水机”式教育体制改为“造血”式教育，纠正以往教育的城市中心主义倾向，培养出适合农村实际情况，能够为新农村建设所用的优秀人才。具体的政策研究包括：

2.1.6.1　如何“以农为本”改革现行农村智识教育体制　主要探讨在农村的智识教育中加入新农村建设所需技能教育的可能性和可行性。尽管大多数研究都指出以应试为目的的基础教育体制并不符合农村实际需要，但在短时间内农村家庭希望子女通过升学跳出农门进入城市的思想很难扭转，简单地改变教材或者课程内容可能并不能收到良好的效果，正如德国在山东省南张楼村的“双元制”教育实验无法持续一样。该如何转变农村家庭旧的思维模式，建立怎样的体制改革农村正规智识教育，使之更加贴近农业、农村和农民，是本书将认真关注的问题。

2.1.6.2　如何建立完善农村非智识教育覆盖体系，开展适合新农村建设需要的新型

农民教育 在智识教育之外的非智识教育层面上，即面对16岁以上的农村居民，如何推进我国农民教育培训工作，教育出新农村建设需要的“新型农民”，也是本书关注的问题。此外，还应研究怎样充分运用农业、教育、劳动、科技、扶贫等部门资源，形成开展农村职业教育和农民培训的合力，以及如何完善农民教育培训管理体制，创新农民职业教育培训管理模式等。最后，有关如何协调各方面利益、整合资源，留住并吸引人才建设新农村，也是十分重要的问题。

2.2 研究方法

本书主要采用案例研究、定性分析与定量分析相结合等研究方法，探讨新型农民的培训与对策。

2.2.1 典型案例调查研究

对于“大学生村官计划”、“大学生支农”与“等值化”教育实验、回乡创业等政策或实验中的经验和问题，我们采取典型个案分析法，通过组织深度访谈、参与式定性研究以及二次分析等方法，对相关的基层官员、村干部、基层组织的领导者以及农民进行的深度访谈来揭示一般规律；我们还采用了包括焦点组讨论法、个案研究法等在内等多种研究方法；我们在对上述个案研究进行认真分析的基础上，总结出需要并且可能做出数量分析的假说，然后通过二次研究的方法在更大范围内验证假说是否成立。

2.2.2 定量与定性相结合分析影响因素并评估政策效果

在定性研究的基础上，本书也注重定量研究和定性研究方法的结合与互补。本书适当的采用结构性的定量分析技术和统计检验方法，注重定量研究方法的规范性和可靠性；同时应用定性分析方法对定量分析的内容进行验证，以识别传统的数据分析方法可能忽略的内容，并重点引入实验经济学的方法对各种“自然实验”加以分析研究。对于研究中涉及的各种政策和项目，尤其注重定性分析和定量研究相结合的方法，客观真实地评估政策的实施效果，通过全方位对比分析评价政策是否成功，考虑政策和项目的执行过程和结果，总结其中所积累的经验和值得注意的教训，为下一步的政策建议提供依据。

第 3 章　当前农村教育的“离农化”问题研究——对“教育抽水机”假说的验证

许多观察者指出，当前的农村教育，无论在目标指向、体系建设还是内容设计上，都存在强烈的“离农化”倾向：“象牙塔中办学”的农村基础教育课程结构设置，使得农村学生缺乏对家乡的认同感，更使得升学失败的农村青年难以实现上学与就业的“无缝衔接”；“就教育而教育”的封闭办学模式，使得农村教育难以承担农村社区文化中心的重担；盲目追求“热门”的专业设置导向，使得农村职业教育专业设置越来越偏离“三农”需要，并因此加重了农村人才的结构性失衡。这种“离农化”趋势与当前农村教育片面追求升学率的办学理念有关，也是重基础教育、轻职业教育的传统思想与现有的升学体制互相强化的直接结果，同时，对农村教育的狭隘错误定位，也使得“农村社区导向教育”与“终生教育”的先进教育理念难以贯彻。

这种“离农化”教育长期发展的后果，是农村人力资本的大量流失，即所谓“教育抽水机”现象的产生，即对农村教育投资越多，农村人力资本流失越快，农村地区越得不到发展。那么，这种情况究竟是否已经成为我国农村人力资源培养的主要现状？其严重和影响程度如何？这是本书希望通过定量分析所回答的问题。

3.1　“教育抽水机”假说的提出

“教育抽水机”是对教育与农村人才外流之间作用机制的一个形象比喻。“教育抽水机”假说认为，目前的教育体制的功能就是将高素质的农村劳动者从农村抽吸到城市。无论是上大学还是上职业院校，最终的结果都是将农村中本来可以成为精英的人才抽吸出去，最终使农村成为“人才洼地”，进而加剧农村的凋敝。

这一假说的要点两个：

一是人力资本具有流动性，而目前我国的教育体制是人力资本流动的一个机制。目前的教育体制塑造出来的人才是“飞鸽牌”人才、无法留在农村的人才，最终教育体制成为农村人才流动的一个途径。这里“抽水机”的含义是指教育将农村中的人力

资本抽吸到了城市。

二是人力资本具有异质性，目前的教育体制塑造的只是有利于城市经济体的人力资本，而非有利于农村经济体的人力资本。这里“抽水机”的含义指的是教育将本来有可能会有利于农村经济发展的潜在人力资本统统变成了仅有利于城市经济发展的人力资本。这一点也可以这么理解，假设潜在人力资本可以分为有利于城市经济发展的人力资本和有利于农村经济发展的人力资本，这些人力资本应是随机分布的，但是“教育抽水机”却将所有的潜在人力资本都变成了有利于城市经济发展的人力资本。

在人力资本与经济增长之间的关系方面，人力资本理论（Lucas，R. E，1988；Haveman. R. H. & B. L. Wolfe，1984）认为，人力资本对经济增长的促进作用是通过两个途径产生的，这两个途径分别为内部作用和外溢作用。内部作用是教育提高人力资源质量，直接激发技术进步和创新，推动经济增长；外溢作用是指提高生产要素的品质，改善经济活动的社会环境，使经济活动具有更高的效率，从而加快经济增长的速度。从内部作用的角度而言，“教育抽水机”将会阻碍人力资本经济作用的发挥。而从外溢作用的角度而言，“教育抽水机”不一定会阻碍人力资本经济作用的发挥。因为如果存在外溢作用，无论是在农村的人力资本还是流向了城市的人力资本，无论是直接指向城市经济发展的人力资本还是直接指向农村经济发展的人力资本，最终通过外溢作用，会使经济福利惠及所有经济体。并且相对于内部作用而言，外溢作用对经济增长的影响更重要，实证研究也表明外溢作用是巨大而具实质性的。但是需要指出的是，外溢作用与内部作用发生作用的时间并不是相同的。外溢作用要比内部作用需要更长的时间才能体现出来。由此，人力资本与经济增长之间的关系也可以分为两个阶段，即内部作用主导阶段和外溢作用主导阶段。内部作用阶段，“教育抽水机”机制的存在会严重阻碍部门经济的增长；而在外溢作用阶段，“教育抽水机”机制的阻碍作用可能就不那么明显。

3.2 对“教育的抽水机”假说的检验

对“教育抽水机”假说的检验其实也就是对该假说两个要点的检验。第一个要点更多地能够通过现象的观察得以检验。农村人才外流这一现象正是第一个要点的反映。因此，对第一个要点的检验也就简单了许多。

与此相对应的是，对第二个要点的检验则麻烦了许多。本书拟从教育投资与农村经济发展水平之间的关系这一角度来检验“教育抽水机”假说的第二个要点，即对教育体制塑造出来的只是利于城市经济发展的人才，而非利于农村发展的人才这一要点进行检验。

这一角度之所以能够检验“教育抽水机”假说，主要因为：①教育投资与经济增长之间的关系已经为大多数研究所证实。②在此背景下，如果教育投资同样促进了农村经济的增长，那么我们并不能认为目前的教育就是单向的“抽水机”作用，它也存在某种反馈机制使得教育投资的成果能够最终惠及农村；但是如果教育投资在能够促进总体经济增长的同时，却不能对农村经济产生作用的话，那么我们就应该认为，教育体制塑造出来的只是利于城市经济发展的人才，而非利于农村发展的人才，教育投资所锤炼出来的人力资本在城乡二元体制的背景下并没有外溢作用，“教育抽水机”机制的存在。

3.3　方法和数据

3.3.1　Granger 因果关系检验

本书所使用的方法主要是 Granger 因果关系检验。Granger 因果关系检验法的基本思想是：如果 X 的变化引起 Y 的变化，则 X 的变化应当发生在 Y 的变化之前。特别的，说“X 是引起 Y 变化的原因”，则必须满足两个条件。第一，X 应该有助于预测 Y，即在 Y 关于 Y 的过去值的回归中，添加 X 的过去值作为独立变量应当显著地增加回归的解释能力。第二，Y 不应当有助于预测 X。

检验 X 是否为引起 Y 变化的原因的过程如下。首先，检验“X 不是引起 Y 变化的原因”的原假设，对下列两个回归模型进行估计。

无限制条件回归：$Y=\sum_{i=1}^{i=m}\alpha_i Y_{i-1}+\sum_{i=1}^{i=m}\beta_i X_{i-1}+\varepsilon_i$

有限制条件回归：$Y=\sum_{i=1}^{i=m}\alpha_i Y_{i-1}+\varepsilon_i$

然后用各回归的残差平方和计算 F 统计值，检验系数 $\beta_1,\beta_2\cdots\beta_m$ 是否同时显著地不为 0。如果是这样，就拒绝原假设。然后用同样的回归估计，检验“X 不是引起 Y 变化的原因”的原假设。

在 Granger 因果关系的回归分析过程中，要求随机变量必须是平稳的时间序列。

如果随机变量是非平稳时间序列时，进行 Granger 因果检验时有可能出现伪回归 (spurious regression) 的现象。因此，进行 Granger 因果检验之前应当先对时间序列的平稳性进行检验。

检验随机变量是否为平稳的时间序列的方法一般有两种，一种是变量自相关和偏自相关图，一种是单位根检验（DF）和扩展的单位根检验（ADF）方法①。本书将同时运用这两种方法。

本书所用的统计软件是 eviews 5.0。

3.3.2 数据

本书所使用的数据主要来自 1978—2007 年《中国统计年鉴》。农村经济发展水平主要使用农村人均纯收入指标来衡量。同时借鉴汪小勤等（2004）的做法，用功能性的财政支出的社会文教费来衡量教育投资水平。人均教育投资增长率由历年教育总投资（教育投资/总人口数）计算得出。Granger 因果关系检验最终的两个变量是农村经济增长速度和人均教育投资增长率。二者历年的变动情况参见图 3.1。

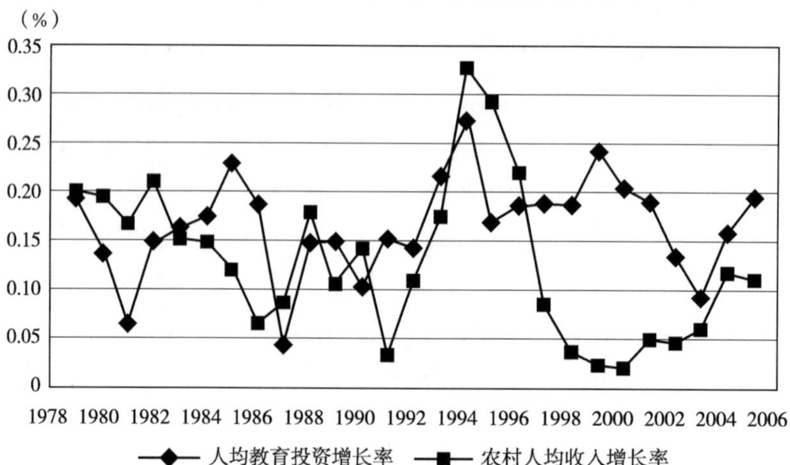

图 3.1 我国历年人均教育投资增长率和农村人均收入增长率变动情况

注：此图根据历年《中国统计年鉴》的相关数据绘制。

① 有关这两种方法的详细介绍参见易丹辉主编《数据分析与 EVIEWS 应用》，中国统计出版社。

由图 3.1 可以看出，①1978 年以来，我国历年的人均教育投资增长率和农村经济增长率均大于 0，这说明 1978 年以来，我国人均教育投资额和农村经济一直处于一个不断增长的趋势。②人均教育投资增长率和农村经济增长率的波动比较大，最高年份的人均教育投资增长率是最低年份人均教育投资增长率的 7 倍，相比较而言农村经济增长率的波动更大，最高年份的农村经济增长率是最低年份的 10 倍之多。

从图 3.1 很难看出，人均教育投资增长率和农村经济增长率有无趋势、是否为平稳时间序列；同时也很难看出二者之间的关系究竟如何。因此有必要对二者的平稳性以及二者之间的关系作实证的检验。

3.4 检验结果与实证分析

在进行 Granger 因果关系检验之前，需要对数列进行平稳性检验。检验数列平稳性的方法主要有两种：一种是利用数列的自相关图进行检验；一种是单位根检验。数列的自相关图虽然比较粗略，但是更为清晰和容易识别。因此，本书将同时考虑这两种检验。

3.4.1 平稳性检验

3.4.1.1 自相关图

自相关（Autocorrelation）	偏相关（Partial Correlation）		AC	PAC	Q-Stat	Prob
		1	0.164	0.164	0.8056	0.369
		2	-0.129	-0.161	1.3307	0.514
		3	0.042	0.098	1.3886	0.708
		4	-0.163	-0.224	2.2905	0.682
		5	0.007	0.122	2.2925	0.807
		6	0.224	0.141	4.1626	0.655
		7	-0.112	-0.166	4.6558	0.702
		8	-0.061	0.032	4.8067	0.778
		9	-0.024	-0.095	4.8307	0.849
		10	-0.069	0.052	5.0487	0.888
		11	-0.008	-0.089	5.0520	0.929
		12	-0.152	-0.209	6.2628	0.902

图 3.2 人均教育投资增长率自相关图

自相关（Autocorrelation）	偏相关（Partial Correlation）		AC	PAC	Q-Stat	Prob
		1	0.675	0.675	13.735	0.000
		2	0.375	-0.149	18.144	0.000
		3	0.000	-0.358	18.144	0.000
		4	-0.208	-0.033	19.621	0.001
		5	-0.247	0.105	21.786	0.001
		6	-0.212	-0.068	23.461	0.001
		7	-0.139	-0.078	24.220	0.001
		8	-0.028	0.101	24.253	0.002
		9	-0.000	-0.081	24.253	0.004
		10	-0.019	-0.133	24.269	0.007
		11	0.064	0.284	24.468	0.011
		12	0.075	-0.023	24.758	0.016

图 3.3　农村人均纯收入增长率

由图 3.2 和图 3.3 可以看出，人均教育投资增长率的自相关系数一直都在随机区间，所以由此认为人均教育投资增长率数列是平稳序列；同样农村经济增长率数列的自相关系数很快地（滞后阶数 K 大于 2 或 3 时）趋于 0，即落入随机区间，所以该数列也是平稳的。

但是正如前面已经指出的那样，虽然自相关图具有直观容易识别等优点，但是相比较于单位根检验，其仍然是一种比较粗略的方法。因此，下面使用单位根检验的方法进一步验证这两个数列的平稳性。

3.4.1.2　单位根检验　考虑到农村经济增长率和人均教育投资增长率这两个时间序列都没有明显地随时间上升或下降趋势，故采用仅有常数项的模型进行 DF 检验。检验结果见表 3.1。

表 3.1　人均教育投资增长率与农村人均纯收入增长率单位根检验

变　量	ADF 检验值	滞后	1% 显著性水平	5% 显著性水平	10% 显著性水平
人均教育投资增长率	−4.14	0	−3.71	−2.98	−2.63
农村人均纯收入增长率	−2.22	0	−3.71	−2.98	−2.63
农村人均纯收入增长率	−4.99	1	−3.72	−2.99	−2.63

从表 3.1 中可以看出，人均教育投资增长率 ADF 检验统计量−4.14 小于显著性水平 1%时的临界值−3.71，因此可以认为人均教育投资增长率是平稳序列。而农村

人均纯收入增长率滞后 0 阶的 ADF 检验统计量－2.22 大于显著性水平 1%时的临界值－2.62，因此可以认为农村经济增长率是非平稳序列。

接着对农村经济增长率的一阶差分进行平稳性检验，此时，考虑到其一阶差分序列都没有明显地随时间上升或下降趋势，故仍采用仅有常数项的模型进行 DF 检验，检验结果见表 3.1 第三行。从表 3.1 中可以看出，农村经济增长率的一阶差分的 ADF 检验统计量－4.99 小于显著性水平 1%时的临界值－3.72，因此可以认为农村经济增长率的一阶差分是平稳序列。

由以上的分析知道农村经济增长率的一阶差分和人均教育投资增长率是平稳的，从而可以对二者之间进行 Granger 因果关系检验。

3.4.2　Granger 因果关系检验

对于教育投资和农村经济发展之间的因果关系而言，可能得到的结果有：①人均教育投资增长率是农村人均纯收入增长率的原因，表明人均教育投资的增加使得教育发展由外溢作用促进了农村经济的发展；②农村人均纯收入增长率是人均教育投资增长率的原因，农村经济的发展通过税收等间接地加大了对教育的投资，促进了教育的发展；③人均教育投资增长率和农村人均纯收入增长率互为原因，即教育投资的增加促进了农村经济的发展，农村经济的发展加大了对教育的投资，表明教育和农村经济发展有互动的因果关系；④人均教育投资增长率和农村人均纯收入增长率都不是对方的原因，教育投资的增加既没有促进农村经济的发展，农村经济的发展对教育投资也没有贡献，即教育和农业发展之间互不影响，没有因果关系。

由表 3.2 可以看出：滞后阶数从 1～7 在 5%和 10%的显著水平上既不能拒绝人均教育投资的增长率不是农村人均纯收入增长率的原因，也不能拒绝农村人均纯收入增长率不是人均教育投资增加率的原因。由于 Granger 因果检验的结果对滞后阶数的选取十分敏感，模型中滞后阶数的选取不同也会影响检验的结果，滞后变量过多又会降低估计的无偏性。由 AIC 准则在滞后阶数 7 时，甚至在 25%的显著性水平上都不能拒绝原假设，难以说明二者之间存在因果关系；再由 SC 准则，选取滞后阶数为 1 时，在 25 %的显著性水平上，也不能说明农村人均纯收入增长率是人均教育投资增长率的原因，人均教育投资的增长率是农村人均纯收入增长率的原因。因此，检验无法说明教育投资和农业发展之间的因果关系，从而也无法说明教育的外溢作用渗透到农业部门。

表 3.2　教育投资和农村经济发展之间 Granger 因果关系检验结果

假设	滞后阶数	显著性水平（%）	F 值	p 值
假设 1	0	25	0.33	0.73
假设 2			0.65	0.53
假设 1	1	26	0.03	0.86
假设 2			1.43	0.24
假设 1	2	25	0.33	0.73
假设 2			0.65	0.53
假设 1	3	24	0.77	0.53
假设 2			1.42	0.27
假设 1	4	23	0.73	0.59
假设 2			0.89	0.49
假设 1	5	22	0.71	0.63
假设 2			1.72	0.21
假设 1	6	21	1.27	0.37
假设 2			1.78	0.22
假设 1	7	20	0.86	0.59
假设 2			1.55	0.32

注：假设 1 是指农村人均纯收入增长率不是人均教育投资增长率的原因；假设 2 是指人均教育投资增长率不是农村人均纯收入增长率的原因。

3.4.3　结果分析

“科教兴国”是我国提出的一个战略，在此背景之下，我国的教育投资增长率虽然有波动，但是总体保持着一个较快的增长速度。这一举措确实也为我国经济增长作出了重要贡献，这一点已经在很多学者的研究中得到证实。如叶茂林等（2003）对我国 1981—2000 年的教育对经济增长的贡献所进行的估计，就表明教育对经济增长的贡献率高达 31．17 ％，由于教育的作用，GDP 累计增加了 6 966．44 亿元之多。

教育的作用不但在经济效益方面为人们所关注，在公平方面也极受人们的重视。如李实等（2005）在《中国人类发展报告 2005：追求公平的人类发展》中就曾指出，改善农村基础设施和生活环境对于减少社会不公平现象有重要的作用。改善农村基础设施建设和生活环境有助于推进农村现代化，有助于缩小城乡差距，为广大农村居民参与经济发展过程、分享经济发展的成果创造必要条件。

但是我们的研究结果却是一个令人较为失望的结果，在教育投资能够促进总体经济增长的时候，却不能促进农村经济的增长。这恰恰说明了目前我国的教育体制塑造出来的只是利于城市经济发展的人才，而非利于农村发展的人才。教育投资所锤炼出来的人力资本对农村经济增长并没有产生其应该产生的外溢作用。而这一点也恰恰是“教育抽水机”假说的第二要点，加上该假说不证自明的第一个要点，我们不得不承认此假说的正确性。

“教育抽水机”假说与教育能够促进公平、缩小城乡差距观点最大的不同就在于，“教育抽水机”假说注意到了人力资本的异质性和不同人力资本之间转化的艰难性。“教育抽水机”假说认为，不同的教育所塑造出来的人力资本是不同的，而不同的人力资本要求的生产组合和所生产的内容也是不尽相同的。如假设一个经济体只有工业和农业两个部门。现在对这个经济体一个劳动者进行教育投资，教育的内容完全是工业部门的相关内容，那么这个劳动者所拥有的人力资本则只有在工业部门才能产生更高的劳动生产率，而农业部门劳动生产率的改进要么会滞后较长的时期，要么只会有较小的帮助。但是从总体来看，该经济体的生产效率提高了。

这就类似于现在我们所看到的情形，总体上我们在进行教育投资，总体上我们的经济也在增长，但是从城乡二元体制的角度来看，增长的只是城市经济体，农村经济体的经济福利没有从教育投资得到什么好处。

或许时间在这中间是一个十分重要的变量。长期中，人力资本投资所产生的经济福利最终会惠及农村经济体，但是正如凯恩斯所说的那样“长期中，我们都死了”。所以短期中，“教育抽水机”问题还是应引起我们足够的重视的。

3.5 结　　论

1978 年以来，我国教育投资和农村经济一直保持着增长的态势。但是二者之间并没有明显的因果关系。考虑到教育投资与总体经济增长之间的关系，可以认为，我国的教育投资主要投在了有利于城市经济发展的人力资本上，而没有投在有利于农村经济发展的人力资本上。且不管教育投资是投在了农村还是投在了城市，教育投资内容和目标总是塑造有利于城市经济发展的人力资本。这就是说教育在将潜在人力资本抽

吸到了城市经济中。而在这些潜在人力资本中很可能就有一大批可能成为促进农村经济发展的人力资本。从这个角度而言，“教育抽水机”假说是成立的。

尽管我们考察的时期比较短，教育投资和农村经济之间的因果关系可能会在较长的时间中体现出来，但至少这也不能否认短期内“教育抽水机”假说的成立。

由此，在教育投资中，应注意以下问题：①教育投资确实是经济增长的一个重要因素。因此，在新农村建设中，在促进农村经济发展中，不能降低教育投资的力度。②仅仅教育投资是远远不够的，因为教育投资从内容上来讲，所塑造的人力资本具有异质性；从目标上来讲，所塑造的人力资本具有流动性。目前人力资本异质性主要体现在教育投资所塑造的人力资本大都偏向于有利于城市经济发展，而不是有利于农村经济发展；流动性主要体现在目前教育所培养的人才都倾向于流向城市，而非待在农村。在人力资本的异质性和流动性的共同作用下，教育投资的外溢作用就很难发挥出来。

在此背景之下，实现教育公平，取消学杂费，实行真正意义上的义务教育，对于提高农村经济发展水平是远远不够的。要促进农村经济发展，还应加强旨在提高农村人力资本水平的教育，克服“教育抽水机”机制。一方面在教育目标定位上，要树立培养一批立志农村经济发展的人才的目标；另一方面在教育内容上，要塑造出一批能够有利于农村经济发展的人力资本。

第 4 章　我国各地为新型农民教育进行的各种“自然试验”探索的经验与教训总结

如前所述，现有的农村教育，在目标定位、教育内容、教育体系等方面，都表现出较强的“离农化”倾向，偏向以城市为中心，培养出的大量农村优秀青年只向城市单向流动，成为农村人力资本的“抽水机”。在这种情况下，仅仅在现有农村教育的体系基础上加强投资，很难实现教育新型农民的目标，甚至可能进一步加强农村人才的外流趋势，而若是对整个农村教育体系从根本上进行改革，则是一项耗时大、成本高的工程，需要在充分的论证和试点的基础上才可以实施。正因此，我们才需要对目前我国已经实施的，以教育社会主义新农村建设人才为目标的各种“自然实验”进行考察，关注其发展过程中的各种经验和问题。这其中，既包括以培养农村本土人才为目标，以社区教育理念为指导的“新乡村建设试验”；也有旨在通过城乡公共品服务的等值化来留住人才，并通过德国“二元制”式的职业教育让农民在本土就能获得与城市等值的收入，最后实现城乡收入等值、生活等值的“城乡等值化”试验；还有以促使精英人才向农村地区回流，用“人才引进”方式教育新型农民的“大学生支农”等试验。本书将对这些试点项目一一加以分析，以案例研究的方式，总结其中成功的经验和尚存的问题，并针对各自未来的发展和长效机制的建立提出政策建议。

4.1　以“非智识教育”覆盖大多数农民——农民教育试验的发展、经验及问题

众所周知，教育，作为对人力资本的投资，对于提高收入、增加社会整体福利，具有十分重要的作用。当前，在“终身教育”、“社区教育”等理念盛行的情况下，在我国城市地区，越来越多的人开始通过参加各种培训、辅导、学习班等方式，在离开正规教育之后重返课堂，提升自己的人力资本。然而，与此同时，在农村地区，青年人仅能勉强完成九年义务教育，一些人甚至连义务教育都未能完成。从过去到现在，正规的智识教育体系，只能覆盖一小部分农村居民，大多数人则很难再获得受教育的机会，从而被关闭在正规教育体系的大门之外。城乡之间教育和人力资本投资的鸿

沟，也因此拉大。

如何对正规教育覆盖不到的那部分农民开展教育？多年来，无数有识之士对此进行了艰难的探索。20 世纪 20～30 年代，农民教育这一理念在我国大地悄然兴起，经由陶行知、黄炎培、晏阳初、梁漱溟等教育学家的推广与实践，得到了艰难的初步发展，这也是中国农民教育的萌芽。1949 年新中国成立，总体来看，我国人口总体文化水平不高，其中 80%的人口是文盲，农村的文盲率则高居 90%以上。面对这一现实，中央政府先后发布了一系列决议、政策、法规来指导和推动农村教育工作的开展，在 20 世纪 50 年代中后期发展成为轰轰烈烈的农民教育运动，出现了改革开放前农民教育的高峰期和黄金期。

此后，农民教育一波三折，经历“文化大革命”与改革开放，发展到今天，已经有 50 年的历程了。虽然全国农村人口的文化水平有了大幅度提高，农民教育也得到了很快的发展，但是其中凸显的问题也引起了我们的注意，那就是农村人口素质仍然低下，而对农民的教育却显得尤为不力。曾经一度建立起的农村社区教育体系，随着公社制度的解散而风光不再，更因商品经济大潮的冲击和小农分户经营体制的重新确立而变得名存实亡，大多数学龄外的农村居民，已经在事实上失去了受教育的机会。

在这种情况下，以社区教育理念为指导，沿袭往日“乡村教育”的精神，新的农民教育运动开始在农村地区试行。本书拟以这些“新乡村建设试验”为研究对象，考察它们如何让不再为正规教育体系所覆盖的那部分农村居民获得提升人力资本的机会，同时了解其在发展过程中遭遇的问题，进而提出相应的政策建议。

4.1.1 以“新乡村建设”为名，新时期农民教育的重构和曲折

改革开放的 30 多年里，我国的经济有了突飞猛进的增长，但同期也出现了 20 世纪 90 年代以来农村相对萧条问题。农业占国民经济的比重和农民收入的增长速度双双持续下降，劳动力、资金等纷纷往城市流动，农村对于年轻人越来越没有吸引力。随着城乡差距、贫富差距愈发扩大，长期的“城乡二元结构”基本体制的矛盾也成为“构建和谐社会”的主要羁绊。

在这种复杂局面之中，一批知识分子开始了农村重建的探索，提出了所谓的“新乡村建设”(Rural Reconstruction) 理论。当代新乡村建设是工业化加速时期为了缓解城乡对立和农村衰败进而危及国家的可持续发展而进行的、以知识分子和青年学生为

先导的、社会各个阶层自觉参与的、与基层农民及乡土文化相结合的、实践性的改良试验，也包括在理论研究层面和国际交流等方面的相关工作。体现改良取向的新乡村建设，秉持以人为本的基本原则，强调的基本宗旨是“人民生计、社会和谐、文化多元”(People's Livelihood, People's Solidarity, Cultural Diverse)。新乡村建设的理念体现在教育方面是：建设即教育，教育即建设，乡土社会需要的平民教育这条主线要贯穿在各地农村试验区的工作中。它秉承了晏阳初、梁漱溟、陶行知等前辈的平民教育理想，与国际上流行的社区教育理念不谋而合。其中影响较大的，有河北的晏阳初乡村建设学院、海南的儋州石屋大学等。

4.1.1.1　饱受争议的晏阳初乡村建设学院　2003 年 7 月 19 日，中国人民大学乡村建设中心（原为中国经济体制改革杂志社）、中国社会服务及发展研究中心（香港）、国际行动援助中国办公室、翟城村村民委员会、晏阳初农村教育发展中心、中国村社促进会现代化建设专业委员会在河北省定州市翟城村联合发起成立晏阳初乡村建设学院。

在办学初期，学院的发展大纲中提到：学院属于社会力量办学的公益事业，遵循非营利原则，实行“劳动者免费就学”。坚持“人民生计为本，互助合作为纲，多元文化为根”的行动原则，以推动中国乡村的可持续发展。

近几年，乡村建设学院在乡村建设发源地翟城村开展了农民合作社、妇女文艺队、农民夜校、老年协会及 312 疗法培训、垃圾分类保护环境、农作物技术和电脑信息查询技术培训，以及宣传教育等各方面的工作，目的是要促进翟城村的全面和谐发展。

在农民教育方面，学院先后承接中国人民大学农业与农村发展学院、乡村建设中心及其他各种社会单位的培训项目，兼顾乡村建设视野、技能、方法三部分内容，对各地农民带头人、具有实践意愿的乡村工作者和关注农村发展的各界志愿者开展农村合作经济、农村工作方法、生态建筑、生态农业和乡村文艺等方面的理念和技能培训。

2007 年 4 月 13 日，晏阳初乡村建设学院被迫关闭，一直到现在，我们可以从官方得知的关闭原因都是“非法办学”四个字，乡村建设学院也因此不了了之。

4.1.1.2　海南儋州石屋大学　新乡村建设理论的提出者们先后在全国的 14 个省建立了近 30 个提高农民组织化程度的新乡村建设基地。这些基地一般的发展思路是以农民的“自强自立”为原则，广泛建立农民的各种自愿合作组织，或者建立农民自己的文艺队、老年人协会、妇女协会、种养专业协会、社区合作社，有的地方还开展农村互

助金融、成人学校、科技服务协会，办起了社区报纸等。这些实践很大程度上改变了农民的精神面貌，奠定了农村的经济、社会可持续发展的基础。

农村社区大学是一种新型的农村社区教育模式，更加适应农村的教育要求，这其中较为典型的就是海南的石屋大学。2006 年 12 月 7 日，海南首个农村社区大学——儋州市那大镇石屋村农村社区大学举行了揭牌仪式。

石屋农村社区大学是一所以培训农民为宗旨的大学，由中国人民大学儋州新农村建设实验区发起，面向农民开设生产生活技能、人文社科、自然科学、社团组织训练等课程，以提升农村社区的整体素质，实现“知识农村化，农村知识化”。凡年满 18 周岁具有继续学习愿望的农民，都可以报名参加农村社区大学的学习。社区大学师资包括一般大学教师、中小学教师、社区专业人才、企业管理人才、社会工作者、政府人才及有特殊技能者等。农村社区大学主要是利用现有的中小学校资源，于夜间及假日（期）上课，以节省学校用地及扩大现有公共设备的使用效果。

社区大学采取学分制，不规定修业年限，学员修满规定的 100 个学分，由市政府与该社区大学考核，通过考核的颁发结业证书。社区大学强调在实践中学习，在学习中实践，其中实用技能学习 40 个学分，学术课程学习 40 个学分，社团活动 20 个学分。学员入学，只需缴纳少量学费，以维持社区大学的基本运转。

儋州市石屋农村社区大学以培养新型农民为己任，充分发挥“建在农民家门口的农村社区大学”的优势，从 2006 年 12 月 7 日成立到 2007 年，先后举办了 7 期新农村建设培训班，培训农民学员人数逾千人次，200 多名学员通过培训考核，获得了职业技能培训证书。

农民的文化底子薄、基础差，针对培训对象是农民这一实际情况，石屋农村社区大学坚持“实际、实用、实效”的原则，采取理论与实践相结合、集中授课和分组讨论相结合、课堂传授与实地参观相结合等形式多样的培训方式对学员进行培训。在培训中，石屋农村社区大学“因需施教”，结合农民来自不同的镇、学习需求不同等特点，每期培训班的培训内容都“因人而异”，根据培训对象制定培训内容。石屋村农民急需橡胶种植、瓜菜种植、畜牧养殖、文明礼仪等知识，社区大学举办了以橡胶管理、瓜菜种植、畜牧养殖、文明礼仪常识为主要内容的培训班，参加培训的村民达 300 多人次。刚退出农垦系统并入大成镇、雅星镇的退场村“两委”干部对新农村建设认识较少，对国家政策及法律法规掌握不多，社区大学开设了以村民委员会组织法、农村基层组织建设“三级联创”、法律知识、农村经济管理知识及新农村建设知识等为主要内容的培训班，使退场村“两委”干部及时掌握了相关知识，有效地促进了工作的开展。

由于广大农村基层干部和农民在培训中带着实际问题去学，加上培训方式灵活多样，农村基层干部和农民在培训学习中既学到了农业生产技术，又增强了认识，收到了良好的效果。无论是参加培训的村“两委”干部，还是村小组长、普通村民，培训过后他们都认为，学与不学不一样，真学与假学更不一样。参加培训的大成镇江南村党支部书记李乃慧说，通过学习国家有关法律法规和政策，自己懂得了如何运用法律维护农民的切身利益，他表示，在今后工作中，将学以致用，依法办事，为农村的稳定和发展多做贡献。

虽然新乡村建设的试验者们已经在全国各地建立了乡村建设试点，其中农村社区教育更是他们关注的重点之一，但是，这种试点毕竟是少数，不得不承认，我国农村社区教育在整体上还是很落后的，并且存在相当多的问题，需要我们关注并解决。

4.1.2　我国农民教育发展过程中凸显的问题

从总体上看，我国农民教育还处于起步阶段，广大农村地区虽都有些农民社区教育的因素，但大都没有自觉地开展严格意义上的社区教育，所以仍存在许多问题需要解决。如地区发展的不平衡、管理体制不顺、领导干部的认识水平和重视程度等问题，其中发展农民教育的最大阻力是观念的转变，主要是领导干部的观念转变，是否认识到农民教育的重要性和迫切性。

4.1.2.1　农民教育的投入不足，缺乏坚实的“社区公共财政”基础，而且农村教育的开展落后于社会经济发展　农民教育中应该起主要作用的是农村社区教育，农村社区教育具有全员性、全程性、全方位和灵活多样性等特点[①]，是针对本社区所有成员进行的教育，属于公共和公益事业。它需要一定的场地、设备和工作人员等基本要素，农民教育需要多方面的经费投入，如政府宏观统筹，包括教育基础设施和技术资料的指导。这就要求农村社区作为一个共同体必须有集体收入作为基础。

但是，农村社区自联产承包以后，原有的集体经济成分已经很少。没有集体收入的支持，必然影响农民教育的发展，曹锦清对河南农村的实证研究已证实了这点[②]。

---

① 李少元，李继星，等．1999．农民教育的问题与改进建议．教育研究（9）：33－36．

② 曹锦清．2000．黄河边的中国——一个学者对乡村社会的观察与思考．上海：上海文艺出版社．

目前的教育经费主要来自于社区经济本身，取之于民、用之于民。这就要求农村社区作为一个共同体必须有集体收入，以作为扩大农村社区教育的公共财政基础。但是，我国农村社区自家庭联产承包以后，原有集体经济受到削弱，社区教育普遍投入不足，缺少“社区公共财政”的支持，这是社区教育发展的主要限制因素。据调查，我国农村科学技术推广强度不仅远低于发达工业化国家 20 世纪 80 年代投资强度（0.62%）的水平，而且低于世界低收入国家投资强度（0.44%）的水平。中国要赶上世界发达国家农业科技推广投资水平，仍需相当长时间。另外，由于受到总体投入不足的影响，农村社区科教投入的不确定因素越发凸显。许多乡、村两级社区科技推广组织被迫解散，大量从业人员被迫离职转移，许多农村社区成人学校、职业学校边缘化趋势异常明显。

在不可能再组建计划经济体制下的“一大二公”的集体经济情况下，转型时期的农民教育只有依靠组建“合作经济”来支持。“合作经济”是以农户为单位的村民合作主义，是从社区共同发展和长远利益出发而进行积累的“社区财政”收入。从折晓叶对我国“超级村庄”的研究中，可以看到“合作经济”在农民教育发展中的巨大作用①。

缺少了“公共财政”的支持，农村教育就失去了经济基础，而如果没有坚实的基础作为后盾，农民教育活动很难顺利开展，这个问题亟待解决。

4.1.2.2 对开展农民教育尤其是农村社区教育的意义认识不足，社区居民参与度较低 各级党政领导对农村教育重要性的认识在逐步加深，农村的学校教育取得的成绩也在不断提高，但整体上对于社区教育还比较陌生，或在认识上存在某些误区。如只重视“正规”教育活动，轻视甚至无视“非正规”的教育活动，这就把社区中大量有益的社会教育活动和潜移默化的育人因素排斥在外、予以放弃，大大影响了现代开放式大教育的整体成效。对社区教育的理解和认识，开展社区教育的积极性和迫切性，往往表现为基层高于上层，实际推行者高于决策者。提高决策者的认识和转变决策者的观念已成为突出的问题，只有领导层面和农村社区成员这两个层面都重视时，才能有利于形成人的全面发展和社区发展的和谐统一。

同时可以发现，我国农村群众受传统农村和农业观念的影响，社区教育意识普遍不强。这一方面是因为决策者对开展社区教育的意义认识不足，社区教育的开展缺乏

---

① 折晓叶，陈婴婴．2000．社区的实践——“超级村庄”的发展历程．杭州：浙江人民出版社．

法律制度保证；另一方面也是因为目前广大农村居民社区参与、社区培训、终身学习的意识不强，主体自主性参与率低。现在农民普遍懂得农民教育作为一项重要的社会公益事业的功能，但却看不到社区教育和他们自身之间所存在的联系。许多人甚至还抱有这样的观念，即教育是政府的事情，与我无关。因此，农村社区居民参与社区教育程度普遍较低，这必然对社会主义新农村建设带来一定的影响。当前，农村社区无论是领导层面还是社区成员层面都需要增强社区教育意识，提高社区居民参与度，这也是建设社会主义新农村、开展农民教育亟待解决的首要问题。

4.1.2.3　组织管理的机制不健全　虽然目前我国各地的农民教育活动都只是在零散的开展，大部分没有一个专门的政府部门来宏观统筹和规划，但同时也可以看到，我国农村社区教育组织（图 4.1）具有行政特性是一个客观存在，这是国内农村社区教育的一个重要特点。

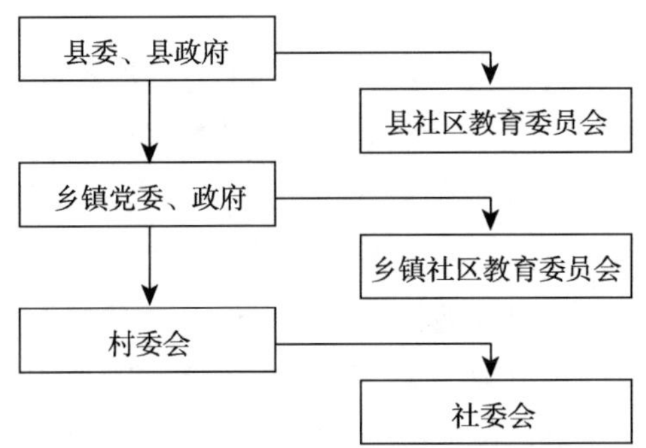

图 4.1　农村社区教育组织示意图

中国农民教育组织的行政特性体现在以下三个方面：①社区教育组织的主要负责人，一般均由县、乡镇政府领导或有关部门领导担任。②社区教育组织管理权，如决策规划权、指挥控制权和裁量评估权等均由有关行政部门及其行政负责人掌握。③社区教育组织行为运作方式，如召开会议、听取汇报、发布文件通报、制定制度规范、实施表彰奖励和职务升迁等均具有明显的行政属性。

正因为社区教育组织具有鲜明的行政属性，在推动社区教育发展中，要"强化政府行为"。同时，也正因为如此，我国农民教育的发展状况往往与有关行政领导的素质和态度直接相关。

在以往的计划经济体制下，教育资源或是由部门（或学校）分别管理，难以沟通使用，或是由政府教育行政部门指令性地调拨，限定使用。这些做法，不能完全适应

市场经济条件下农民教育的实际，而新的经验尚不能满足农民教育资源需要共享的现实，在一定程度上制约了农民教育的发展[①]。我国农村经济基础薄弱，在今后的社区教育发展过程中，仍需要政府的统筹规划来支持社区教育的发展。

农村社区文化的封闭性和地域的分散性更增加了组织管理的难度，单一的部门管理很难进行有效的组织管理。而农民教育是“大教育”，只有构建一个能统筹、协调社区内各种教育因素的组织机构，才能真正开展社区教育。因此，如何建立灵活高效的组织管理机制，充分调动农村社区的内源性资源参与社区教育，是农民教育的又一难题。

4.1.2.4　农民教育的运作机制尚未完成　我国农民教育，在运作上还没有形成成套的机制，导致农民教育工作忽冷忽热，现在主要靠断断续续的活动来维系、推动。

4.1.3　结论：我国农民教育应该如何办?

目前，我国进入全面建设小康社会的关键时期。我国有近80%的人口在农村，农村、农民和农业问题是制约我国经济发展和现代化建设的重要因素。解决“三农”问题，应依靠科学技术，依靠人才，依靠农民科学文化、道德素质的整体提高。《面向21世纪教育振兴行动计划》中指出，要“充分发挥农村教育在农村现代化建设中的积极作用”，发展农村社区教育是提高劳动者素质，促进传统农业向现代农业转变，从根本上解决农业、农村和农民问题的关键所在；是构建和睦协调、安定有序、充满活力的和谐社会重要组成部分。因此，如何正确有效地开展农村社区教育，不断完善我国农村社区教育的发展模式，对于社会主义新农村和和谐社会的建设都具有十分重要的意义。

面对全国各地农村在开展农村教育的过程中所显现出的问题，应该从以下几个方面进行努力，最大限度地促进农村社区教育事业进入新的发展时代。

4.1.3.1　提高对农民教育的整体认识和规划力度　在农村开展社区教育是一项新的系统工程。首先应该向农村基层组织领导和群众宣传社区教育的意义与要求，使干部群众明确社区教育活动的重大作用：它有利于全面提高社区成员的素质，推进经济与文化的发展，加强社区物质文明与精神文明建设，不断提高社区成员的生活水平与质量标准，等等。以此来提高社区成员对农村社区教育的认识和重视，增强他们搞好农村社区教育工作的自觉性。

---

① 陈敬朴．1994．农民教育的走向．教育研究，1：21－27．

农村社区教育应该与当地的经济和社会发展同步规划，由于我国农村经济与社会发展极不平衡，发达地区、中等地区、贫困地区的差异极大，要因地制宜制订社区教育规划，切实反映不同地区教育发展的层次、要求和特色。要坚持长期规划与年度计划相结合，保证社区教育实验持续、滚动式地向前发展。规划中所选择的社区教育模式，应具有多样性，使之符合多层次的社区实际需要，并且在实施规划与计划的过程中进行分类指导。

4.1.3.2　加强农民教育的经济投入，整合社区的教育资源　农民教育需要多方面的经济投入，政府宏观统筹，包括教育基础设施和技术资料的指导。关键是强化农村“合作经济”的壮大，扩大农民教育的公共财政基础，可以采取自愿与制度相结合的方式筹集这部分资金。随着农村经济的发展，农民收入的增加，可依法筹措更多的资金用于农民教育。只要教育内容真正是群众所需，而又自愿出资，则办学条件的创设就会有广泛的群众基础。

第一，因为农村普通教育对于社区教育具有基础作用和辐射作用，所以应在总体上加大对农村普通教育的投入。继续改变我国教育经费配置中长期存在的重高教、轻普教的不合理状况，使基础教育的经费有明显提高。农村基础教育经费占财政支出的比例已经有法律的保障，对学生也免收学费和书本费。国家在保证对义务教育提供足够财政拨款的前提下，应该重视农村社区教育的发展并提供经费支持。

第二，加强政府对农民教育的经费投入。在这方面，美国加利福尼亚州的做法我国可以考虑借鉴。州政府对社区学院的经费拨款方式类似于对公立中小学的办法。在1978 年削减财产税的法案通过之前，该州社区学院的一切费用，包括不计学分的课程和社区服务，主要都由州政府提供，地方政府仅负担其中的一小部分。因此，可以采取教育经费的倾斜政策，尤其应体现对穷困农村地区的教育经费支持，在大力促进经济发展的同时加大对教育的中长期投资。同时，如果必要的话，还要在不影响农村社区教育质量的前提下，把调拨给经济较发达的受惠地区的一部分资源包括资金、教学和管理人才特拨给农村贫困地区使用。

第三，在财政管理制度上，对农民教育经费遵循分级管理与适度集中管理相结合的原则。在经济较发达的农村地区，教育经费可由县、乡两级财政管理。在经济较贫困的农村地区，教育经费应由县级财政统一管理，由县级财政统一列支。这样做便于贫困乡、村教育经费得到保障。若县级财政困难，难以保证教育经费的需求，则适当地要当地（市）或省级财政予以支持与补充。

第四，要进一步拓宽农村教育经费的筹取和分摊渠道，努力扩大农村社区教育投入来源。目前，一方面“合作经济”在部分农村社区教育发展中发挥着巨大作用，另一方面，在绝大部分的农村，社区教育还面临缺乏“合作经济”的局面。没有集体收入的支持，必然影响农村社区教育的发展。因此，可以适当培植农村社区中的“合作经济”和合作意识。共同的经济基础，将是农村社区合作经济发展的最终保障。

因此，农村产业结构的调整、升级并由此产生的“合作经济”可以成为未来农民教育的经济基础。在继续组建“合作经济”不断积累“社区财政”收入的同时，还要拓宽农村社区教育经费的筹措渠道，可采用多种方式。既要鼓励农村乡镇企业，又要充分开发、培植和利用社区有利于教育活动的一切人、财、物以至时间和空间，为农民教育提供坚实的基础。

4.1.3.3　加强农民教育对农村人力资源的开发　农民教育的目标在于开发农村的人力资源，促进农村社区发展。首先，要注意培养有前瞻意识的乡村管理干部和专业技术干部。他们是农村工作的决策人，农村经济发展的关键人物，起着培养一个带动一片的作用。通过教育应当组织他们学习党的方针政策、国家的有关法律法规、市场经济理论、现代化管理知识、现代农业科学技术，让他们及时了解国内外农业科技发展的新动态，拓宽知识面，增长解决实际问题与综合管理的能力，以适应农村经济发展和市场竞争的要求。

其次，在教育上应该对中青年农民进行新农业技术的推广，使他们在继承传统农业技术的前提下，强化先进技术、淡化传统经验，接受现代生物技术和环境科学技术，利用先进的生产手段、新型的材料技术、先进的生产方法，从事农业的可持续发展。农村的中青年劳动力是建设新农村的主力军，应通过教育提高他们的素质水平，树立起中青年农民在农村创业的意识。

另外，农民教育应该是面向全民的教育，要打破男尊女卑的观念，实现男女教育的平等，加强对妇女的生产、生活、娱乐教育。对于社区的老年人要使他们老有所享，提高他们的养生娱乐生活水平。

4.1.3.4　建立农民教育的有效组织管理体制　开展农民教育工作，首先要贯彻《中华人民共和国教育法》、《中华人民共和国村民委员会组织法》等相关法律，实施依法治教，加强统筹管理。这样，有利于全面贯彻教育方针，营造培养创新精神和实践能力的终身学习环境；有利于依照社区政治、经济、文化和个人身心发展的需求科学施教，全面提高社区成员的整体素质；有利于盘活社区一切可以利用的教育资源，提高社区教育实验工作的质量；有利于调动社区成员不断学习与深造的主动性，自觉地向终身学习的目标迈进。

农民教育有其地域、经济和文化等方面的特殊性，在组织管理上要因地制宜。社区教育运行机制中的主要环节是管理体制和组织系统。在运行过程中，主管部门、承办部门、运行制度、工作条件、经费投入和评价管理是基本框架要素。在管理上要实行统筹管理的形式与办法，要在社区党政组织的领导下，因地制宜地进行探索，不要求千篇一律。

当前，可考虑设立由各方面代表人士组成的社区教育委员会之类的机构，健全规章制度，实行民主管理使社区教育实验更加贴近社会的广泛需要。有条件的城郊、沿海地区县镇、乡镇可以从政府牵引、学校组织、社会联合等灵活多样的角度建立和完善运行机制，制定科学的实施、发展计划和评价制度，不断深化、不断改进，努力提高综合效益。在不同的发展阶段要因时而异，在发展初期，难免政府行为多一些，但从长远看不符合教育发展规律，政府只能宏观指导，不宜微观管理，但在实施初期和组织领导方面离不开社区政府的支持。进入发展成熟期后，农村社会教育资源和社会行为将越来越发挥基础性、广泛性、持久性和制度化的作用。

因此，在实施过程中要充分发挥农村学校等社会教育培训部门的积极性和创造性，以及先导性和辐射性。随着农村地区社会、经济、文化协调发展，社区教育活动在依靠事业实体来组织实施的同时，产业实体也开始积极参与，实行农村社区教育的多样化发展。

4.1.3.5 发挥城市社区教育的辐射作用 在我国，城市社区教育发展早于农村社区教育，在社区教育模式、办学形式、教育内容、教育方法以及管理制度等方面，都为农村社区教育提供了可借鉴的“范式”，农村社区教育的发展在很大程度上受到城市社区教育发展的影响。由于社区教育资源方面的优势，城市社区教育的各方面发展及改革的先行，对农村教育具有参照性意义。城市社区教育对农村社区教育具有直接的辐射性，这种辐射性对农村社区教育的发展具有重要意义与作用。现代城市社区教育在不断发展，形式趋于多样化，其对农村社区教育的辐射面愈来愈大，辐射力也愈来愈强。如城市的网络教育、广播电视教育，正在逐步渗入农村，成为农村社区教育自身的形式之一。此外，城市大学参与农村社区教育，对农村社区教育教学内容、师资的培养等起着积极的作用。

与此同时，农村城市化对农村社区教育的发展提出了新要求，正如农村现代化包

含着对城市化（城镇化）的追求，农村社区教育也蕴涵着教育的城市化。农村社区教育面向实际与农村社区教育的城市化是相互联系的。农村社区教育为农村现代化服务，在某种程度上，正是为农村城市化服务。为此，在强调农村教育面向农村，为农村现代化建设服务的同时，也要求农村社区教育要为城市服务。这种服务，一方面要立足于为农村教育、为农村现代化建设培养更多更好的人才，另一方面则要更充分发挥其对进入城市的农村人口的教育功能。城乡教育互促机制与良性循环局面的形成有赖于二者的共同努力。

由于城乡差别的存在，中国农村社区教育从整体上看落后于城市社区教育。但是从发展趋势看，农村社区教育将不断趋向于城市社区教育，直至实现与城市社区教育的融合。因此，在现阶段应充分利用和借鉴城市社区教育的经验，发挥城市社区教育对农村社区教育的带动与辐射作用，尽快发展和普及农村社区教育。

4.2 以“城乡等值化”理念留住人才——南张楼村试验案例研究

农村人力资本大量外流的一个根本性因素是农村与城市的发展“不等值”，其中既包括收入上的城乡“不等值”，也包括公共品服务上的城乡“不等值”。长期以来，中国采取“城乡分治”的管理体制，在城市和农村地区实行不同的公共品供给和管理制度。由于公共品的宏观管理制度缺位，农村的生产基础设施、生活设施、社会保障设施等都严重匮乏，成为影响农民增收的一个重要原因，也是影响农村可持续发展、农村社会稳定的重要因素，“脏、乱、差”一直都是农村生活环境的直观描述。相反，城市则拥有较为充足的公共品供给，其更能给予人们生活的舒适感和幸福感，大量的农民外流很大程度上是由于公共品供给的缺乏。

目前所提倡的“城乡统筹发展”，就理念上说，是希望能够通过城市带动农村来实现协调发展，然而在实际上，许多地方“城乡统筹”已经变成了城市自身发展的大好时机。“城乡统筹”并没有给农村任何项目，好的资源由农村“统”向城市，农村依然还是农村，城乡在城市发展而农村停滞不前的情况下差距越来越大。所以缩小城乡差距，进行新农村建设的关键非“城乡统筹”而是“城乡等值”。

“等值化”的要求来自德国，核心思想是生活质量的等值化，实现农民在农村生活所得的收入、公共品等与城市等值，让农民不用离开农村就能享受到和城市同等的生活质量，在这样的基础上留住人才。

德国城乡等值化模式，自 20 世纪 50 年代开始在巴伐利亚州试验，之后逐步成为德国农村发展的普遍模式，并从 1990 年起成为欧盟农村政策的方向，改变了欧盟“为集中建设而放弃边远的农村地区，迁出农业人口”的规划①。所谓“城乡等值”，指的是不通过耕地变厂房、农村变城市的方式使农村在生产、生活质量实质上与城市逐渐消除差异，包括劳动强度、工作条件、就业机会、收入水平、居住环境等与城市一样。

德国巴伐利亚州通过土地整理和乡村革新使农业的生产条件、基础设施以及农民的生活水平获得了显著的提高，真正实现了城乡的等值。由于其在解决农业、农村、农民问题方面取得了独特成功经验，因而被欧盟当作现代化农村建设的一个标本。近年来巴伐利亚的经济发展取得了令人瞩目的成就，这个昔日落后于北部各州的农业区已成为德国经济实力最为雄厚、发展最具活力的联邦州。2003 年巴伐利亚州的国内生产总值达 3 709 亿欧元，超过欧盟 25 国中的 19 个国家。其中农业和农产品加工业的年产值为 320 亿欧元（其中农业净产值 60 亿欧元），是仅次于汽车和机器制造业的第三大产业。农产品的出口额由 1970 年的 5 亿多欧元增长到现在的 45 亿多欧元。人均产值为 29 917 欧元，也明显高于德国和欧盟的平均水平。

本书将通过解剖南张楼村的“城乡等值化”试验，说明如何通过实现城乡间“收入等值”和“公共品服务等值”，实现留住人才，教育新农村建设需要的新型农民的目标。

4.2.1　南张楼的城乡等值试验

南张楼村位于山东省青州市西北部，处于寿光、昌乐、青州、临淄四县（区）交界处，距离青州市区 20 多千米，共 1 108 户，人口 4 260 人，耕地 6 308 亩*。不同于我国的大多数农村，当前的南张楼村，没有大量的劳动力外出打工，几乎所有的农民都留在自己的土地上从事生产劳动，实现了农村人力资本的维持。

这种现象的产生，来自 20 世纪 80 年代开始的“城乡等值化试验”。1988 年，山东省政府和德国巴伐利亚州以及德国汉斯·赛德尔基金会共同把南张楼村确定为“中

---

① 高丽丽．2006．“巴伐利亚试验”的中国模式——对山东省青州市南张楼村中德新农村建设的调查．农村工作通讯，(7)．

* 亩为非许用单位，1 亩＝1/15 公顷。

德土地整理与农村发展合作试验区”，在南张楼村进行的“中德土地整理与农村发展合作试验区”项目也被称为“巴伐利亚城乡等值化试验”，因为项目的核心理念是实现“农村与城市生活不同类但等值”。所谓“城乡等值”，指的是通过借鉴德国成功的乡村发展模式，使农村在生产、生活质量实质上与城市逐渐消除差异，包括劳动强度、工作条件、就业机会、收入水平、居住环境等与城市一样。

“城乡等值试验”十分重视村庄的社会发展与环境建设，重视教育、卫生、文化事业与环境保护，重视城乡之间的协调发展，极力改善农民生产、生活条件，突出实验的“城乡等值”理念。其以实现“城乡等值”为目标，以培养作为“自备水源”的新型农民的理念作引导，通过德国著名的“双元制”教育模式对南张楼村的基础教育进行改革，变应试教育为双元制教育，进行农技和非农技术培训，医疗卫生文化等配套设施建设以及回乡创业，实现了由教育“抽水机”向“自备井”的人才培养模式的转变，很大程度上避免了人才的外流，为新农村建设提供了自备水源，在其村庄的发展过程中起到了关键性的作用。

4.2.1.1　收入趋于等值　南张楼村拥有 95 家企业，村工农业总产值 3.786 亿元，实现利税 500 多万元，占整个何关镇上缴国家税收的 90％，南张楼的很多村民一边干农活，一边在村里的工厂上班，实现“上班＋种地”的生活方式。南张楼村的奶牛养殖已初具规模，南张楼的村民实现了多元化的经营方式，收入大幅上涨。虽然没有外出打工的收入，但是在 2005 年，南张楼村人均纯收入已达 6 080 元，是山东省全部农村人均纯收入的 1.55 倍，如图 4.2 所示。

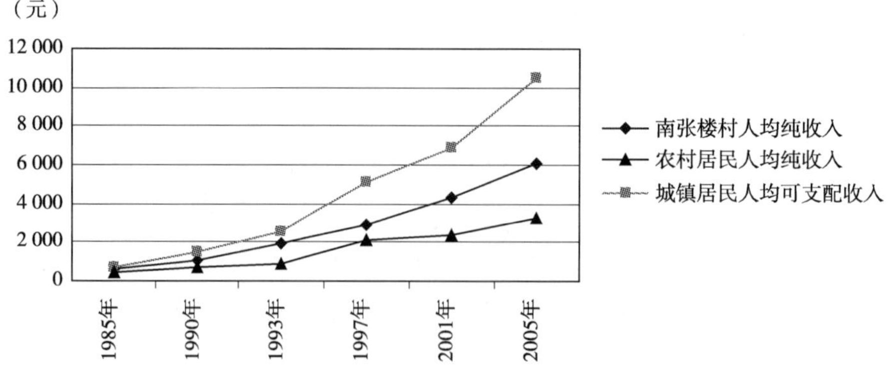

图 4.2　南张楼村与全国城镇和农村收入对比

数据来源：《2007 中国统计年鉴》及南张楼村资料

4.2.1.2 公共品等值 不同于一般的农村，南张楼依据功能连片的原则，村庄被分成了四个区：大田区、教育区、工业区和生活区。南张楼村每家每户只有一块土地，大田区内配备了较好的排灌等农业基础设施，全部实现了机械化作业，提高了劳动生产率，节省了劳动力；教育区内，幼儿园、小学、中学整齐排列，村里的小孩走出家门口就能接受较好的基础教育；工业区内，90 多家企业在公路两旁整齐排列，村里的很多农民在这儿上班，上班＋种地成为了他们的生活方式；生活区内配备了很多生活基础设施——路灯、垃圾箱、柏油路面、较好的排水设施，这些提升了村民的生活质量。

但是南张楼村远离县城、不沿海、非交通要道，资源禀赋也较差：人多地少、缺少矿产资源，在 1988 年是一个普通的北方农村，人均收入仅 1 020 元。但到 2005 年，在短短的 17 年却实现了如此巨大的变化，绝大部分的人力资本都留在了南张楼。在这 17 年间实施的德国的“等值化试验”是使其发生质变的最关键因素，其为农村人才培养和新农村建设的模式提供了一个有益的探索，对我国的新农村建设具有广泛的借鉴意义。

4.2.2 南张楼村“城乡等值”理念的实施过程

图 4.3 所示为南张楼村“城乡等值”理念的实施过程。

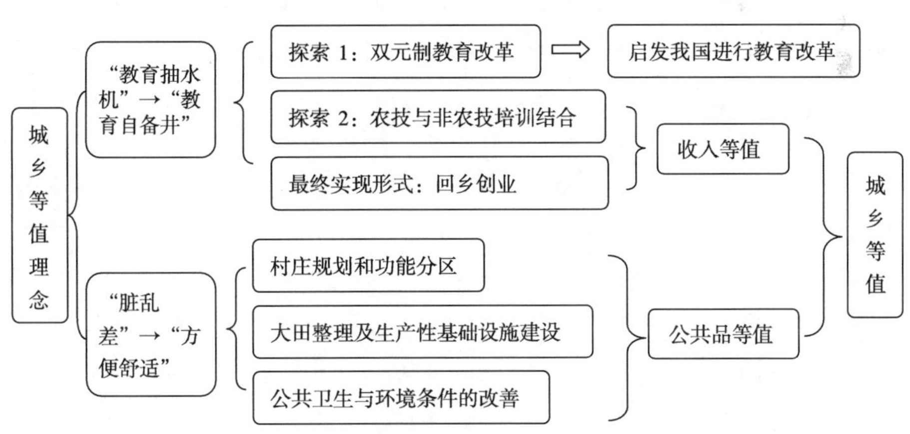

图 4.3 城乡等值理念的实践图

4.2.2.1 贯彻“城乡等值”理念，实现由“教育抽水机”到“教育自备井”人才培养模式的转变，人力资本与工业资本的结合最终实现“收入等值” 为实现城乡等值，

南张楼村在德国专家的引导下进行了一系列的探索，在这个过程中有的探索成功了，成为南张楼发展成功的关键因素和作用力；有的虽在实施过程中出现了一些问题，但仍然具有非常重要的意义。

4.2.2.1.1 变“教育抽水机”为“教育自备井”，实现人力资本积累 “城乡等值试验”试图通过“双元制”教育模式对南张楼村的基础教育进行改革，试图使大多数考不上高中的学生初中毕业后便掌握一门职业技能，使其不用再接受农民培训就能直接进行生产劳动，通过培养学生能改变农村现状的能力，变“教育抽水机”为“教育自备井”，为其未来的建设提供本土化的人力资本。

在德国的教育体制中，把从小培养学生的想象能力、动手能力和操作能力作为教育的重点，注重在中学阶段起对不同特质孩子的职业取向进行引导，因材施教，人尽其才，并最终通过“双元制”职业教育使学生在走出校园后便具备一项或多项实际技能。南张楼村的“双元制教育”改革从1994年开始。为了改善教育状况，德国赛德尔基金会从硬件和软件方面对南张楼村的幼儿园、小学和中学进行了改造。硬件方面，德方出资帮助学校盖起了新教学楼，购置了许多设施和教学仪器，配备了计算机、大屏幕电视、投影仪等设施，购买新的课桌椅，建立了金工和木工实验室。这些投入使学校在硬件方面焕然一新。软件方面，1994至1995年间，他们从现有的教师中选拔一些比较优秀的到浙江、上海等地接受德国教育模式的培训，培训的课程主要是劳动技术课、美术、音乐以及一些文化课。教学内容上，德国专家把中学时期的动手能力培养作为“双元制”教育改革的一项重要内容。1995年开始，学校开始按照德国模式，在非毕业班级开设劳动课，每周两节，学生可以选择金工或木工。由老师指导学习操作设备，制作简单的模型。教师通过培训，改变了教学理念，丰富了教学内容，对教学方式进行了一系列的改革（如进行小班化教学），学生的课堂积极性提高了，也表现得更大方了。学生学会了制作一些简单的金工、木工模型，动手能力得到提高，思维更加开阔。使学生初中毕业后便掌握一门职业技能是双元制教育改革的美好愿景，但是这一愿景却被残酷的现实打破，2002年，中学的双元制教育改革在持续8年之后停止了，但却激发老师开始反思现行的教育体制——在保证升学率的条件下，尽量使教学氛围更加活跃、教学方式更加多样；促使同学和家长对学生未来的职业发展道路进行更深层次的思考——学一门手艺、拥有一项技能或许才是大多数人的出路，而不是盲从于高考。

基础教育中变“教育抽水机”为“教育自备井”的探索虽然失败了，但却对当地的教育理念和教育体制产生了较大的冲击，也对之后的农民职业教育培训提供了一定的基础。

德方一直都希望通过农业把村民留在土地上，使南张楼的村民过上田园牧歌式的生活，为此，德方对农民的农业技术进行培训，强化软件，拓展农民的致富门路，提高农民的生产效率。1993 年起，德国赛德尔基金会便在南张楼村选择素质较高的村民及优秀的初中毕业生去平度市接受农业职业教育，学习奶牛养殖、果树栽培等技术。在平度市学习期间，村民们学习了奶牛养殖的关键技术，并在学校的养殖场进行实际操作，用理论指导实践。从培训的效果来看，村民基本掌握了奶牛的养殖知识。在结束学习以后，这些村民回到村里，利用掌握的养殖技能办起了奶牛养殖场。德方的专家每年都会入户来看养殖户的养殖情况，帮助解决一些问题。现在，养殖场拥有标准化牛圈 5 栋 55 间，草场 300 亩，奶牛 100 多头，初步形成了具有一定规模的奶牛养殖生产基地。2004 年，鲜奶产量达 3 000 千克/天，年创产值 600 余万元，南张楼村成为周围村庄羡慕的奶牛养殖村。10 多年来，平度职业学校与赛德尔基金会在其他地方建立的职业学校一起，为南张楼村培养了 100 多名现代农业技术人才和技术工人。农业技术培训促进了南张楼村居民的职业转化，为南张楼村带来了新的生产技术和生产方式，适应了农村产业多元化的需要，加速了农业规模经营的进程。通过农业技术培训，农民的农技水平得到了提高，农民致富门路得到了扩展，直接带来了当地农民收入的增加，促进了当地农业的发展。

在德国人的理念中，教育对于农村经济发展具有非常重大的意义。农村的将来除了取决于软、硬件的改善外，还取决于加强所谓的流动条件（资金和技术）。只有提高农村的教育水平和农民的职业素质，才可以打造现代化农业和新型农民，创造新的非农业就业位置。中德合作项目开始之前，和中国大多数农村一样，南张楼村平均受教育程度非常低，留在村里的农民除了进行传统的田间劳作，几乎无一人接受过职业教育并掌握相关技术。针对这一状况，为了带动村民的教育水平和专业技能的提高，同时也为了项目的顺利开展，德方欲出资将南张楼的 8 位村民送到国外学习德语。但在当时，由于观念障碍，农民既无学习的意愿又觉得自身无学习的潜质，去参加学习的人也都并非出于自愿。但是几年之后学成归国，他们不仅掌握了德语，成了村里的德语翻译，还带回来了很大的经济利益，成为了村里第一批富起来的人。这促使许多南张楼人转变了思想观念，他们开始认识到有知识有技术就能致富。后来，村里又将 70 多个村民送往北京大学、北京外国语学院等大中专院校学习。现在村里除有 4 名自

己的翻译外，有 800 多人接受过中等教育，还有 280 多人取得了农业技术“绿色证书”、会计证及其他职称，有 40 多名大中专毕业生回到村里工作，为村庄的建设做出了贡献。在德国人的理念引导下，通过国外的学习和国内的培训，部分村民提升了职业素质、掌握了专门的职业技能，这促使他们的职业生涯发生了重大改变，为个人创造很大经济利益的同时，提升了整个村庄村民的受教育程度，为村庄的发展提供了高素质的人力资本，培养了留在村庄的本土化人才。而这少部分人的经历及他们收入的增加影响着南张楼的其他村民，改变了村民的思想观念，现在村民普遍愿意接受新事物、希望掌握新知识、愿意接受培训。

通过农技和非农技术培训，当地农民的农技和非农技能得到显著的提高，提升了整个村庄村民的受教育程度，为村庄的发展提供了高素质的人力资本，培养了留在村庄的本土化人才。

4.2.2.1.2　收入等值的最终实现形式：“教育自备井”的人才供应与回村创业提供非农就业岗位相结合，使农民实现“上班＋种地”的经营形式，农民留在土地上进行工业和农业建设　1988 年中德合作项目确定之后，赛德尔基金会便资助该村的村委会成员到德国考察学习，之后又多次去美国、韩国、阿根廷等国家学习考察。在频繁的考察中，村支书发现国内、国外的工资水平差异很大，同样的织布工人，在青州市织布厂的月工资为 1 000～1 500 元，而去日本、韩国，月工资为 8 000～10 000 元，同时受第一批富起来的人（归国翻译）的影响，“国外比国内更好挣钱”的想法产生了，于是他就在 1990 年提出了“出去一个人，富裕一个户”的口号。并非出于自愿的，1994 年，8 位农民被南张楼村村委会安排去了阿根廷办农场，创办了蔬菜种植项目。后来村委会又向德国派驻留学生，派厨师到美国开饭馆、办农场，通过劳务中介向日本、韩国输出织布工人、留学研修生，南张楼村成了远近闻名的劳务输出基地。通过出国劳务，村民切实感受到了其给自身带来的好处，南张楼的一些村民获得一定的原始资本积累，出国劳务 3 年，每个人平均可以带回 20 多万元。

目前在南张楼村，曾经和正在国外工作的出国务工人员 300 人左右，占全村总人口的 7.05％。通过一步步的探索，村民从最开始的仅选择临近城市和东部沿海城市打工到现在更多地选择劳务向国外输出，从“不自愿”到“争着出去”，思想观念发生了很大的改变，视野得到很大的拓展。而在临近村庄，出国务工的人数几乎为零。出国劳务获得的资金成为了村庄工业发展的第一桶金，对推动当地经济的发展起到了关键性的作用。

在中国大多数传统农民的思想观念中，打工挣来的钱多用于补贴家用，盖楼房娶媳妇，然后再打工、再挣钱，满足于小富即安的生活方式。但是在南张楼，外出务工人员回村后却办起了有很大风险、同时需要经营管理技能的企业，普通的农民是根本做不到这一点的。

出国务工带来了资本的积累，同时也改变了南张楼村民的生活理念和进取心。尽管出国打工只是从事一些简单、技术性的工作，但通过在外面的学习和工作，他们看到了别人的管理经营和对创业机会的把握，这就增加了其对于致富的渴望和创业的冒险心理。回国后，他们便不再满足于小富即安的农村生活方式，而是积极寻求商业机会，开创自己的企业。调查发现，出国回来的人员极少回家务农或进入企业做普通员工，他们积极创办自己的事业，村里的 90 多家民营企业中很大一部分都是因此创建起来的。

与此同时，为了合理发展工业和进行合理的功能分区，德国专家选择一个交通便利、对居民区没有干扰的地方作为工业区，并以环村路作为“工业区轴线”，将污染严重的砖瓦厂迁走，并为之配备了各项水利、电力设施，以保证工业的顺利发展。1995 年，为了鼓励村民创业，扩大村里的工业规模，村集体在村西的高速路两边规划出一片地作为工业园区，以较低的土地价格出租给投资者，并且为企业配备了良好的基础设施。这又为出国劳务者回乡创业提供了便利的条件。

工业小区建立以来，全村共办起了 90 多家企业，解决就业 2 100 多人，其中本村员工 1 500 多人，占全村劳动力的 70%多（表 4.1）。2004 年全村工农业总产值达 3.5 亿元。其中工业产值 2.5 亿元，上缴税收 500 万元，占何官镇上缴国家税收的 90%。回乡创业者创办的企业占了村庄的工业小区中企业的很大一部分，为村庄工业的发展和解决农民的就业问题作出了很大的贡献。同时，工业小区的创业者每年要向村委会缴纳各种公共设施使用费用和土地租赁费，这些费用占了村委会财政收入的绝大部分。

表 4.1　1990 年南张楼村就业情况

部门	总数（人）	占比（%）	男性（人）	占比（%）	女性（人）	占比（%）
农业	1 735	80.5	914	42.4	821	38.1
村办企业	205	9.5	159	7.4	46	2.1
手工业	129	6.0	33	1.5	96	4.5

（续）

部门	总数（人）	占比（%）	男性（人）	占比（%）	女性（人）	占比（%）
贸易	55	2.6	50	2.3	5	0.2
服务业	32	1.5	13	0.6	19	0.9
总计	2 156		1 069		1 087	

表面上看，回村创业是村民出国劳务和村里的优惠政策和便利条件双重作用下的结果，但从本质上来讲，这是德国人资助村民到国外考察，增长见识，开阔眼界后的后续效应。村民回乡创业，直接促进了工业的发展，使其成为南张楼经济发展和村民就业的支柱。并使农民实现“上班＋种地”的经营方式，农民留在土地上进行工业和农业生产，最终实现由“教育抽水机”到“教育自备井”的转变。

4.2.2.2 贯彻“城乡等值”理念，实现由“脏乱差”到“方便舒适”的居住环境转变，实现“公共品”等值，把富裕起来的农民最终留在南张楼 长期以来，由于公共品的宏观管理制度缺位，农村的生产基础设施、生活设施、社会保障设施等都严重匮乏，成为影响农民增收的一个重要原因，也是影响农村可持续发展、农村社会稳定的重要因素。南张楼村以实现农村与城市“公共品等值”为理念，采取一系列措施，最终把富裕起来的农民留在了南张楼。

1988 年，南张楼村在德国专家帮助下开展“土地整理和村庄革新项目”，实施了包括土地整理、村庄革新和农业职业教育在内的多项农村发展活动，推行“城乡生活等值化”的德国农村发展理念。1990 年 4 月，德国专家来到南张楼村，根据南张楼村的实际情况，在各部门及具有代表性的村民参与讨论的情况下制定了发展规划。

4.2.2.2.1 村庄规划和功能分区 德国专家根据南张楼村的经济社会结构、土地资源、村庄规划等各方面条件，从农业、工业、公共设施、教育、环境等不同方面提出所要进行的建议，并制定了《南张楼村远景发展规划》。在规划中，强调“等值化的生活条件”的发展目标，要求将交通、村庄革新、社会事业各方面的公共投资统一和协调起来，促进村民积极参与和投资，从而为农村居民创造公平的就业和生活条件。

在该规划中，按照功能连片的原则，把村子划成了四个区片：大田区、教育区、工业区和生活区。基本保留原有的住宅区结构。由于主风向为西北方向，北边更适合居住，新增住宅用地应安排在村北部边缘的空地和调整后的地皮上。新建工厂用地不要占用耕地，而是将未派上用场的厂房重新利用，对建筑空缺先补建起来解决。靠近村边向村外扩展新的经济开发区，由于主要刮西北风，部分排放严重的工业放在南边比较有利。并首先利用村南部边缘的空厂房和空地作为工厂用地。占地面积较多的设施，如养蚕站或建筑用料仓库设在经济开发区比较合适。人口的密集等带来了商业的发展。在规划时，将村中心划定为商业区，与教育区相邻近。这样，各种商店、手工业作坊、医院、银行等公共服务设施集中在相对较小的范围内，集市占据了街道的一部分，数量较多的商店足够满足居民的日常需要。在村北路的旁边扩建教育区。自 20 世纪 60 年代起南张楼村就办起了幼儿园、小学、中学，1986 年建起了 1 800 米^2 的小学教学楼，体育娱乐场地已经具备。规划时，将 3 所学校集中于村北，将要扩建的绿化区中央，交通极为便利。按照德国的方式对幼儿园、小学进行改建，新建中学教学楼，配备试验课、劳动课教室，为学生提供体育和娱乐场地。将学校的体育场作为全村的公用体育活动场所，使之成为联结教育中心区与居民区的纽带。

4.2.2.2.2　土地整理及生产性基础设施建设　土地整理和生产性基础设施建设是南张楼村“等值化试验”项目的重点。整理的过程首先是德国专家以及省测绘局来参与规划。土地整理的主要内容是平整洼地，改变一些土地的耕种方向，以便灌溉和机械的使用；修建田间道路；打地下井、埋设地下管道。通过埋地下管道不但加强了该村的水利基础设施，而且增加了土地的使用面积。之所以会增加耕地面积主要是因为以前管道都是在地面，占用了地面，埋在地下则会将这部分的土地节省下来①。土地平整、土地连片、修建田间道路和增加水利设施，分步骤分阶段的实施。

根据规划要求，为改善村民的生产条件，首先通过对土地的削高、填洼、整平，全村可耕地面积增加至 420.6 公顷。这些土地被重新划方分配到户，一个基本“方”东西 300 米，南北 350 米，根据自然风向改传统的东西向种植为南北向种植，每户集中耕种一块粮田，并统一埋设了界碑。土地的削高、填洼、整平与集中耕种，使机械化耕作成为可能。方与方之间是 18 千米田间硬化道路及防风防沙林带，彻底改变了过去“晴天一身土，雨天一身泥”的耕作条件。基金会提供的联合收割机、播种机等农业机械，使耕翻、播种、脱粒实现全过程机械作业，减轻了劳动强度，提高了劳动生产率。

由于水利条件的改善，全村土地的渠灌周期由 10 天缩短为 5 天，不仅降低了灌溉

---

①　这一点对于以后工业园区的创办是大有裨益的。因为按照国土资源管理部门的要求，对农用地转为非农用地的审批是相当严格的。但是该村通过土地整理增加了近 40 公顷的耕地面积，所以这样在该村要求划拨一部分土地作为工业园区时，并没有遇到多大的审批困难。

周期和农户的灌溉成本，还为南张楼村的农业种植结构调整创造了条件。青州市自古就有种植胡萝卜的传统，农户在种植粮食的同时，可以依靠种植韭菜、胡萝卜等经济作物来获取较高的农业收入。南张楼村把农业生产的重点放在发展蔬菜种植业上，把韭菜、胡萝卜作为本村的重点发展产品，通过将蔬菜生产、加工、储运、销售融为一体，形成了产业优势。2004 年，全村共种植韭菜、胡萝卜等出口蔬菜约 267 公顷，经济作物种植面积占耕地面积的 60%。

农户从种子公司、经销商那里获得种子，小棚养殖，每年两季。到了收割季节，寿光的个体经纪人、蔬菜公司到村里收购。在销售时，农户可以选择整块地估值统一出售，也可以零批销售给不同的购买者。由于地处寿光地区，面向国际市场的蔬菜产业比较发达。价格根据行情波动较大，一个销售季节内，胡萝卜的价格可以从 0.6 元/千克到 2.0 元/千克不等，平均每公顷胡萝卜毛收入约 45 000 元，韭菜略高。

4.2.2.2.3 公共卫生和环境条件的改善 雨、污水排放是影响村镇环境的主要问题之一。项目实施前，由于排水系统缺乏规范，院落内和房屋周围的积水不能够顺利排出，只能通过地面蒸发，因此常常导致雨后的路面泥泞不通。项目规划把道路的排水作为重点，在加固硬化路面的同时修筑地面水疏流渠。饮用水供应不能保证整天都有。由于管道系统中遗漏现象严重，大量的饮用水渗入地下或蒸发，水井设在耕地范围也很成问题，故检修供水系统，并将水井移至村外。保留家庭生活废水清除系统。废水处理分散在各家院内简易的地坑中。在新建和改建宅院时修建改进的腐殖厕所，以方便、清洁、卫生。村中将水井移到了村外，建立集中的自来水供水系统，配备了净化处理设备，并有专人负责定时检查和维护给水设施，进行清理和维护。废水液体部分蒸发掉，腐殖化固体部分用于肥田，以便进行经济循环。因为缺水和排水沟，下水道无法起到作用。各户的地坑应和地面隔绝，防止污染地下水。

垃圾问题。住户垃圾为集中收集，由垃圾队负责道路清扫和垃圾处理。垃圾分别掩埋在居民点的边缘、村庄外废弃的土坑里。但也有少部分任意倒的情况。有机垃圾被直接再利用（动物食物、取暖、肥料）。无机垃圾重新使用或加工回收为原料，以促进经济循环。

能源供应主要是电，由于房屋不具备取暖设施，部分电能用来取暖，是很不经济的。因此应提高房屋的取暖措施，最好能够利用太阳能和再生原料（如玉米秆）获得能源。

4.2.3　结论：“城乡等值”，让“教育抽水机”变为“教育自备井”

在当前对农村教育的探讨中，一个无法回避的事实是城市和农村在生活质量上的巨大差异，天然地造成人力资源由农村流向城市的局面，在这种情况下，无论设计出多么符合乡土社会实际的农村教育体系，都无法改变人力资本流向城市的窘况。然而，南张楼村的“城乡等值化”试验，却提供了另一种可能。

由南张楼村的成功经验，我们可以发现“城乡等值”理念的实践是其成功的关键。由“教育抽水机”向“教育自备井”的转变，提升了当地农民的素质和技能，结合回乡创业的工业资本实现了上班＋种地的生活方式，收入得到大幅度的提高，实现了“收入等值”，此其一。其二，通过改善村内的基础设施，增加村庄的公共品供给，村民享受到与城市同等的服务和公共设施，使其感觉到在农村生活和在城市生活没有较大区别，产生同等的幸福感和舒适感，实现“公共品等值”。通过“收入等值”和“公共品等值”实现“城乡等值”，农民在农村享受到与城市同等的生活质量，也就不愿意再离开农村，毕竟人们仍有安土重迁的思想。新农村建设迫在眉睫，南张楼的成功经验对我国广大农村的新农村建设具有很好的借鉴意义。

4.3　以“大学生支农”方式引进新型农民的发展模式总结及问题研究

“三农”问题的关键是农民问题，而农民问题的关键是素质问题。当前，制约“三农”发展的瓶颈因素主要表现在农村精英人才的缺乏，农村“能人”的短缺，这使得农村发展受到严重制约。

从 20 世纪末开始的大学生支农，被认为是促使“人才”回流农村的重要举措。开展近 10 年时间后，也发展出了多种模式，引发学界和其他相关研究者的大量探讨。对于“大学生支农”的一个重要讨论是：就当前的新农村建设和农村发展来说，大学生能够承担作为“新型农民”的责任吗？他们能够为社会主义新农村建设发挥必要的作用吗？

4.3.1　大学生支农的源起和发展

改革开放后，城市的畸形繁荣与农村的严重衰败日趋严重。“三农”问题成为中

国当代农村发展状况和农民生活的集中表现。"三农"问题的严峻形势以及党和政府的高度重视，使其作为时代的重音，在高校校园里得到强烈回响。新兴起的大学生支农运动，最早的是从2000年开始的，当时也只有屈指可数的几支队伍，而且还不是合法的大学社团。最早的几家社团是北京师范大学的"农民之子"农村发展促进会、中国农业大学农村发展研究会、天津科技大学新希望农村发展促进会和北京大学乡土中国学社。根据现有的资料看，最早的有组织支农行动是北京师范大学的"农民之子"在1999年的湖北随县的支农小分队。这个阶段由于队伍不多，达到的地方也有限。其中对后来影响最为深远的一次是河北正定县北孙村的下乡，这次支农下乡奠定了后来很多支农下乡的原则。比如，支农下乡要将学习讨论和调研结合起来，把为农民做事情和自身成长结合起来，支农队的最佳规模应该在7～10人等。下乡所做的事情也很简单，主要是农村一般调查、生活体验、短期的支教、法律宣传等。

随后中国经济体制改革杂志社逐渐介入，当时任中国经济体制改革杂志社总编辑的温铁军邀请了中国社会科学院等多家单位一起给支农大学生的支农报告评奖，以此来推动支农活动的深入开展。从此支农规模开始扩大起来，很多学校因此加入进来，逐渐形成了涵盖了京津两地多个学校参与的支农状况。2002年6月福特基金会开始给予赞助。大学生支农迅速扩展开来，京津两地的20多所高校进入了支农行列。2002年7月，在这些学校中招募了大约500人开始了暑假大学生回乡支农调研活动。同时又有一部分同学组队支农调研，下乡支农队有23支。2003年1月，寒假大学生支农调研项目培训班在北京师范大学举行，各地高校近100名同学参加了培训，这是首次全国性培训。到了2003年暑期，已经有200多所高校参与回乡调研，已经有50多支支农队伍同时下乡了。这一时期提出的支农口号是"关注农村，塑造自我，建设新乡村"，主要活动包括调研活动、支教活动、信息站支持和法律政策宣传活动。2003年7月以后，虽然各地支农队还是各有侧重，但总的方向就是推进农民组织化。2004年1月，举办了第二次全国性的大学生支农调研的培训交流会，培训的主要内容是对农村的基本认识、农村的基本出路、支农调研的基本理念和方法。来自全国80所大学的学生社团的代表和指导老师前来参加交流和培训。到2004年5月，已有120多个支农社团成立，遍布除西藏、台湾、青海、海南之外的省区市。国内名牌高校基本都建立了涉农社团，2004年12月，重新注册了梁漱溟乡村建设中心，大学生支农随即转入梁漱溟乡村建设中心直接管理。2005年开始，提出了"大学生农村新文化行动"口号，把支农的重点方向定位在农村的文化上。2006 年年初，旨在引导和鼓励高校毕业生面向基层就业的“三支一扶”计划正式启动，各省积极响应并出台相关优惠政策以吸引大学生支农①。截至 2008 年 3 月，共有 54 084 名高校毕业生参加“三支一扶”计划，在农村基层一线开展服务②。国家鼓励大学生支农，鼓励大学毕业生到基层、到西部贫困地区去锻炼，去参加三支一扶的初衷都是极好的，但是政策性引导不能代替市场对人力资源的配置，人才的流向最终还是要靠市场规律来运作。2006 年 7 月份，再次进行了全国性的支农骨干的培训，这已经是第四次全国规模的农村培训了。培训的主题是农村发展与大学生志愿者参与，突出强调了城市里的支农活动。从 2007 年年初开始，支农的新方向开始迈向文化探索。从农村文化改变开始，支农的思路由完全意义的支农开始转向支农和文化并举③。

如今这个由中国经济体制改革杂志社推动、在以温铁军为首的乡村建设中心指导下的“大学生支农调研”活动已经在全国范围内得到了推广，150 多所高校的学生先后参与了这个活动，100 多所学校的大学生支农参与者在校内组建了自己的农村发展社团，如北京师范大学的“农民之子”——中国农村发展促进会、北京大学的乡土中国学会、中国农业大学的农村发展研究会等，先后参与这个项目的同学已经达到万人。很多地方学校已经开始主动参与这个活动，有些地方甚至变成了一种官方认可的活动，有的地方开始由这些社团承办原来的“三下乡”活动。这批关心社会、关注“三农”的热血青年，盼望能以这样一种方式为中国的农村发展做点事情，并希望以此行动带动整个社会关注“三农”问题，关心弱势群体。

他们充分利用寒暑假、其他节假日进行下乡支农调研、支教扶贫活动，并在日常活动中把“三农”知识讲座和培训结合起来。中国经济体制改革杂志社要求所有支农队的活动都要得到官方机构的批准，因此各支农社团的发展和支农活动也都得到了其所在学校团委或者院系领导的支持。所有的活动都是大学生们自己组织和策划的，他们自己推动社团活动的开展，并且组织各地社团参与活动，每次回来都召开支农调研经验交流会，定期组织大型的培训会，对各社团进行支农调研培训等。

---

① 大众日报，2008 年 05 月 22 日．

② 中国人事报，2008 年 3 月 18 日．

③ 资料来源：支农史：走向新乡村建设，梁漱溟乡村建设中心，2007.

4.3.2 各地开展大学生支农的主要做法

本是大学生自发组织的支农活动如今得到了政府部门的肯定与支持，这对于支农活动范围的扩大和队伍的壮大是有激励作用的，本来还因为经费不足延迟或取消的支农计划又得以实施，本来不得不面对自主创业或待业的人才又有了更好的选择，这种以“三支一扶”为主要形式的支援农村发展的政策的确吸引了不少大学生参与。其优惠政策主要表现为服务期满考核合格的“三支一扶”大学毕业生，报考党政机关公务员可以享受优惠政策优先录用，参加事业单位公开招聘可破格聘用，报考硕士研究生初试总分加10分、同等条件下优先录取，自主创业等可减免税收，等等。

各地在响应国家政策并付诸实施“三支一扶”时，经费负担和人员编制等均由各省统筹安排，各地在实行时，做法各有不同。

4.3.2.1 上海依靠经济实力以优厚待遇吸引大学毕业生参与 2007年上海518个岗位静待支农大学毕业生，报名参加的大学毕业生约2 000人，2008年上海招募567名大学毕业生参加“三支一扶”，而报名人数更是达到3 778人，岗位数与报名数之比接近1∶7，创下新高①。

大学毕业生踊跃报名参加“三支一扶”，除了大学毕业生积极响应国家号召参加支农因素外，上海市政府提供的优厚待遇显然在起着很大的作用。大学毕业生在服务期间，每月取得的生活补贴1 790元，由区县人才服务中心代缴社会保险费，包括养老保险、医疗保险、工伤保险等。政府奖励按照服务期限长短，每年经考核合格后一次性发放。第一年为7 000元，第二年为12 000元，第三年为18 800元。还提供必需的生活条件、工作需要的业务培训、交通费以及区县“三支一扶”工作经费。服务期满考核合格的“三支一扶”大学毕业生，被本市国有单位录用的，由接收单位按照所任职务比照同等条件人员确定其职务工资标准；其服务期限，计算为工龄。留在上海市工作的，符合申请当年户籍引进人才政策的，可以申请落户上海市。另外还有考公务员优惠和考研究生加分政策②。

市场经济条件下，经济激励是人员流动的重要因素。上海市提供的优惠政策是大学毕业生踊跃报名的关键，这与上海市强大的经济实力和对支农重视有关，具有参考

---

① 李莹，《今年“三支一扶”报名人数远超去年“村官”竞争7∶1》，《新闻晚报》，2008.4.

② 上海要闻网，2006.9.

价值却不具备推广现实。

4.3.2.2 吉林省“三支一扶”遭冷对 对于支持大学毕业生参加“三支一扶”，吉林省也出台了相关政策，然而得到回应却是另一番景象。

吉林省希望通过优惠政策鼓励大学毕业生参加“三支一扶”并扎根基层，实施系列保障措施，如毕业生的户口将统一转到吉林省人才中心实行免费代理，也可转到入学前户籍所在地。服务期间享受当地政府支付的每人每月500元生活费，同时统一办理住院医疗保险和意外伤害保险；每人每年享受一次探亲待遇，报销往返交通费，交通补贴标准按家庭所在地与服务地距离确定。服务期满，毕业生可享受到一系列优惠政策，如到农村和社区工作2年后报考公务员，笔试成绩增加5分；报考省公务员，优先录用。在评聘专业技术职务时，“三支一扶”毕业生可以不受政府人事部门核定的专业技术岗位数额的限制，超岗聘任；行政管理岗位也可以不受同级职务指数限制；对到省内贫困县工作服务期限达到5年的高校毕业生，其在校期间的国家助学贷款本息由当地政府代为偿还；工作满5年的，根据本人意愿可以流动到原籍或省内其他地区工作；落实工作单位后，接收单位所在地准予落户；参加基本养老保险的，今后考录或招聘到国家机关、事业单位工作，其缴纳年限可合并计算为工龄。

2007年，吉林省“三支一扶”提供了197个基层岗位，接到报名511人。为使基层单位和报名毕业生实现双向选择，专门举办了“三支一扶”工作对接会，对接成功岗位135个，占岗位总数的69%，没有对接成功的有62个岗位，占31%。由于条件所限，相对于2006年招聘的500个岗位，2007年吉林省“三支一扶”的岗位已大为缩减①。对于不能够为毕业生提供食宿、条件不太好、学生的安全需求不能得到保障的单位，都没有设支扶岗位。没有对接成功的岗位中有十几个岗位无人问津，这十几个岗位不是位于偏远的贫困县，就是岗位所需的是较为热门的计算机等专业人才，而支农的待遇显然偏低。对于一些高校毕业生宁愿没有工作也不愿到基层支扶，相关人士均表示无奈。

4.3.2.3 广东省应付国家要求而任务化支农 广东省按照国家的要求组织开展的“三支一扶”，没有出现如上海市那样广受欢迎的局面，同样作为我国经济比较发达的地区，广东省的做法令人深思。

《广东省2007年高校毕业生“三支一扶”工作实施方案》中确定，2007年拟招募800名高校毕业生，主要安排到广东省50个山区县及东西两翼欠发达地区的农村基层从

---

① 新华网，2007年6月12日．

事支教、支农、支医和扶贫工作，服务期限为 2 年。省财政对省招募派遣并在“三支一扶”岗位上工作的高校毕业生统一支付每人每月生活补贴 800 元，每人每年交通补贴、医疗费补贴和人身意外伤害、住院医疗保险 2 000 元。经过换算，广东省 2007 年度全省在岗职工年平均工资 29 448 元。那么，支农大学生的待遇就显得过低，不足以吸引人才和留住人才，尽管也有考公务员和考研加分等政策，但相对于工资之间的悬殊差距，显得有点微不足道。2007 年广东省报名参加“三支一扶”的高校毕业生达 1 135 人，经筛选向农村基层组织派遣 800 名，而各地仅需求支教、支医的岗位就达到 4 000 余人。

可以看出，广东省“三支一扶”明显存在值得质疑的地方，同样作为我国经济比较发达的地区，广东省提供给支农大学毕业生的待遇明显偏低，这也是广东省“三支一扶”未能出现广受大学毕业生欢迎的局面的主要原因。广东省市场经济较为发达，人才作为一种资源会寻求最优配置，让广大大学毕业生支农而面对巨大的待遇悬殊，是过多要求大学毕业生奉献而少给予回报的做法，去留均是问题。广东省制定的支农政策，似乎只是片面响应国家的政策要求，对本省实际情况视而不见，把支农任务化了。

4.3.3 当前大学生支农存在的问题

尽管大学生支农活动在全国范围内得到普遍响应，有些活动开展得有声有色，但依然存在一些困扰大学生支农活动的问题。

4.3.3.1 缺乏农村发展必要的资源，无法对农村发展以物质支持 大学生作为一个涉世未深群体，没有掌握任何资源，他们关注农村，关心农民，并积极参与支农活动，表现出的是高度的社会责任感和对农民的同情感。然而，他们的可配置资源少得可怜，常常因此使得一些计划搁浅，更不要谈为农民做点事情了。就经费而言，支农活动的花费或是参加的同学自己筹集的，或是大学生社团找到企业或基金会拉到的一部分赞助，即使那些以“三支一扶”等形式招录参与农村建设的大学毕业生，也很难得到资金和项目支持，更不要说办什么实际的事了。

“全国大学生休学支农第二人”、沈阳师范大学文学院汉语言文学专业本科生谢勇模以支农志愿者身份去吉林省四平市梨树县榆树台百信农民合作社帮助农民搞农民合作社，他的支农计划实行了半年，就陷入去与留的尴尬境地，调研经费也由于一些原因不能到位，即便是回到学校，谢勇模已欠学校近 7 000 元学费，如果回校的话，还须补交、预交住宿费[①]。

4.3.3.2　缺乏长期有效的机制　对于农村和农民，很多大学生没有一个清楚、理性地认识，不少人持有的期望值过高，希望努力改变农村面貌，然而现实与理想相去甚远，“帮助农民致富”是根本问题也是必须第一步要走的路，当这条路必须要通过市场经济去实现时，其艰巨性和复杂性决定了这绝非一朝一夕能够解决的。当支农的热情消耗殆尽，剩下的或是无从下手的无奈，或是对农民狭隘的感叹，或是对中国农村发展的迷茫，一时间，何去何从困扰了大学生。站在农民的角度，他们很希望能有人援助他们发展经济，提供新的生产生活方式，大学生的到来给农民带来了希望，然而短暂的支农活动在激发了农民积极性后就退潮了，农民想要依靠这股力量发展农村经济时，却发现大学生支农人员已然离去，希望的肥皂泡破灭了。一来二去，农民对这种流动式支农已不感到新鲜，也不觉得受益，无所谓有，无所谓无。大学生流动式支农就像一把双刃剑，伤害了自己，也伤害了农民。

比如由志愿者从事教学、管理的方式能否长期维持，比如要不要为这个公益实体引进商业运作，以使它能不必完全靠外来资助而运转，等等。

4.3.3.3　缺少农村发展必要的技能　尽管有不少大学生来自农村，但是他们并没有几个真正了解自己生活的家乡，因为他们并没有用知识的、科学的方法去探究问题。我们看到的是表面的、片面的现象，并不能说明问题（张浩，2007）。而中国的现行教育以应试为主，能力教育长期被忽视，在教育方式上重视书面知识，轻视德、智、体、美等方面，特别是实践和动手能力。很多大学生热情地来到乡下支农，却发现自己的所学与农村实际相去甚远，无法指导农民，只有那些与农业直接相关专业的学生能够在一定层面上给予农民支持，而这毕竟只是少数。由于小农经济的制约，仅在农业等生产技术上给予支持还是不够的，效益不能通过规模来发挥。而给予农民发展规模生产的建议由于风险比较高，农民没有保障的情况下，采纳显然很少，不能从真正层面上带动农民发展经济。至于乡村文化，大学生了解其内涵少，甚至很多是不知道的，更多的大学生接受的是书本知识，进而是一种城市文化和西方文化，距乡村文化相去甚远，如不能很好调整，反而增加了城市文化对农村文化的冲击，造成乡土文化流失。沉重的学习和生活竞争压力，加之“三农”问题的复杂性及难度，使很多大学生心有余而力不足。这些大学生尽管一直很努力，可是很多事情做起来并不是想象中

---

① 新浪网，《去？留？一个支农大学生的尴尬》，2005.

的那么简单，比如改变农村的落后面貌、改善农村医疗卫生条件、解决农民工子弟上学问题等，显然都超过了他们的能力范围。

4.3.3.4 缺少对农村生产生活方式的正确认识 很多大学生把“支农”仅仅当成一次接触社会、了解社会的实践活动，或者想体验一下农村生活。这种动机在大学生支农活动中本应受到批判，然而当许多人仅以个人利益为中心、漠视农民福利时，这种愿意了解农民、愿意关心乡村的行为虽然不能给予肯定，但至少不能否定。在这样一个物欲横飞、追求物质利益最大化的时代，还有一群人关心社会发展，关注国计民生，愿意以实际行动来了解农民、了解弱势群体，这是很值得庆幸的。但这种方式对支农的影响是巨大的，在一定层面上动摇了一部分人支农的决心，使得支农形式化、过程化。不仅如此，这还造成了很多人对大学生支农的误解，认为这只是一种“游山玩水”的大学生度假，而不是帮助农民发展生产，建设新农村。

4.3.3.5 缺少全心全意服务农村的现实性 大学生支农为有志青年提供了参与社会实践和新农村建设的机会，但其中也掺杂了一些不良因素。当然并不是所有的支农都是功利的，但的确有一部分人是因利益考虑才选择支农，一些支农的优惠政策如“收入稳定”、“优先考研和做公务员”等对一部分人来说，在短期内选择可能是最优的，也就呈现了大学生纷纷踊跃报名的现象。相比 20 世纪 50、60 年代的“上山下乡”运动，广大知识青年是为了体谅国家困难和响应党的号召而作出的巨大牺牲与历史性奉献，而现在却是出于对前途和利益的考虑。

4.3.3.6 优惠政策的“口惠而实不至”挫伤积极性 参加“三支一扶”的高校毕业生，将在公务员考录、事业单位招聘、工资待遇、工龄计算、学历教育等方面得到适当优惠。一些地方优惠政策如服务期满考核合格的“三支一扶”毕业生，自服务期满之日起 3 年内报考公务员的，笔试成绩加 3 分。现在公务员考录竞争激烈，笔试成绩加“安慰 3 分”，变得微不足道。其他优惠条件如规定原服务单位需补充人员时，应优先接收支农大学毕业生；县乡各类事业单位，有职位空缺需补充人员时，也应拿出一定职位专门吸纳这部分毕业生。然而，现在基层的人员早就超编，怎么可能有职位空出来？国务院早就有文件明确指出，要切实转变乡镇政府职能，精简机构和人员，5 年内乡镇机构编制只减不增。归结到底，就是开了张空头支票，在此不一一列举。

这就是“三支一扶”的“优惠政策”，看上去优惠多多，然而应用到实际时，却发现优惠政策只是一纸空文，无法给支农大学毕业生带来实惠，严重损害支农的热情和积极性。他们满腔热情来到农村，旁观城市的灯火辉煌，放弃一个个本应展示自己的舞台，等待又一个明天，福兮祸兮？每个人心中都有一个问号，一个悲哀的问号。

基于以上判断，对于新农村建设来说，大学毕业生支农只是一种缓解当前农村发展人才缺乏的途径，不是解决问题之道，农村的发展需要乡土人才，培养并留住乡土人才，是问题的关键。

4.3.4　结论：鼓励大学毕业生“当农”而非“支农”

当前的大学毕业生支农，是人才回流农村的一个平台，而仅仅依靠这样一个平台留住回到农村的人才，显然是不够的。支农的大学毕业生就业于农业，不管是出于一腔热血，还是出于短期最优利益考虑，都带有一定的“牺牲”色彩，在城市就业显然比农村就业的既得利益更大。

不少大学毕业生支农都不是当地人，在所工作的农村缺乏良好的感情基础和人际关系支持，往往像一个“外人”。流失的大学毕业生不仅因为经济待遇偏低，还因为未必都能实现出自己的价值。以四川省为例，10 年来，四川省先后选派 8 600 多名大学毕业生到村（社区）工作，但统计显示，现仍在村（社区）工作的不足 3 000 人，流失率达 70%以上①。当轰轰烈烈的开展新农村建设的时候，却发现留不住人。而留住和吸引人才，壮大新农村建设人才队伍，是新农村建设能否取得成效的关键。

欲化农民，须先农民化。支农带有很大的支援性质，而并非将农业视为自身谋生手段，往往是为别人的利益出谋划策，四处奔走，缺乏内在的动力和激励机制。然而当农民因支农大学毕业生的努力而获利却不能波及大学毕业生时，这种利益分配的不公将造成不能把心留住。因而，支农大学毕业生回乡发展自己的事业，是支农的最佳途径，也就是成为农民而不是一般意义上的支农。

2003 年“中国杰出青年农民”奖章获得者之一，沈阳市新城子区新城子乡六王屯村吴琼，1997 年大学毕业后回到家乡当起了地道的农民。学国际贸易的吴琼却养起了淡水鱼，而且越养越“像样”，成为当地发家致富的典型。致富后的吴琼难忘创业时的艰辛，所以凡是有人向他讨教养鱼技术，他从来都是毫无保留地传授给别人，带动了当地养殖户的科学养殖。

可见，一些大学生还是愿意回乡创业的，因而，提供优惠政策吸引大学生从事农业，当新型农民，人尽其才，是吸引并留住人才的最佳途径。

---

①　新华网，2007.

第 5 章　专题研究：社会主义新农村建设中的“大学生村官”培训研究

5.1 “大学生村官”计划：社会主义新农村建设中的人力资源循环回路重构

“大学生村官”计划是一项向农村地区引进精英人才的尝试。其主要是指在农村基层干部普遍学历偏低、年龄偏大，迫切需要新鲜血液，而城市中的大学毕业生供大于求，就业压力较大的背景下，选拔大学毕业生到农村担任村干部或者村干部助理的农村人才回流形式。

一般认为，由于“大学生村官”所处的特殊位置，其在新农村建设中将能够发挥更大的作用，包括对当地干部队伍的结构优化，对村级管理和治理水平的提升，为新型农民教育提供示范和榜样，为地方带来新的技术、资金、信息等等。然而，与“大学生支农”类似的困难，即人才的“下不去、用不上、留不住”问题，也同样困扰着“大学生村官”计划。

从“大学生村官”计划最初的试点到现在全国范围内的“全面开花”，各地产生了许多不同的发展模式，一部分获得较大的成功，另一些则表现得不尽如人意。那么，成功的经验和失败的教训分别有哪些？如何构建通过“大学生村官”计划引进优秀人才和新型农民的长效机制？这是本书关注的重点。

5.1.1 “大学生村官”计划的作用和效果

“大学生村官”的进驻，对所在村的人力资源发展有三大作用：一是通过“鲶鱼效应”，促使原村干部努力提高自身文化素质以及管理素质，二是对该村的村级精英乃至普通村民起到带动作用，帮助他们开阔眼界，提高他们学习新知识、新技能的决心和动力，并能起到一定的帮扶辅导作用。此外，“大学生村官”利用自身信息来源多、社会关系网络强等优势，也能邀请到更多专家学者对所在村进行培训和指导，从而带动本村人力资源水平的提高。同时，通过“大学生村官”引进项目和资金发展本村经济，也有相应的成功案例。

5.1.1.1　对村级治理水平的提高带来有利影响　“大学生村官”充实到农村之后，首先，客观上会带来农村干部队伍结构上的变化，优化其年龄和知识结构，带来整体素质的提高；其次，“大学生村官”的到来，也会使原有的村干部产生紧张感，促使他们加强学习，提高自身能力和管理水平；最后，由“大学生村官”带来的新型管理理念和行政方式，也会对农村地区的治理带来更多益处。

如河南鹤壁市的“大学生村官”计划进行中，1120 名“大学生村官”进入全市 879 个行政村任职，这些平均年龄 28.3 岁的“大学生村官”充实到村干部队伍中，使全市村干部的平均年龄下降了 6.5 岁，大专以上学历提高了 28%。“大学生村官”以其知识、信息方面的优势，逐渐成为农村干部队伍的骨干力量，带来村级组织行政、决策、执行能力和效率的提高①。

5.1.1.2　对培养新型农民提供示范和榜样　社会主义新农村建设迫切要求农村人才的培养。然而，培养“新型农民”，不仅需要政府的投入和投资，也需要调动农民群众参与培训的积极性。首先必须让农民群众了解，什么样的人才是新型农民，成为新型农民有什么好处，这样才能促使他们乐意付出一定的成本参与到新型农民培训中来。

“大学生村官”的到来，为培养新型农民提供了较好的示范和榜样。大学生接触外界信息较为丰富、有知识、有文化、想法活跃，当他们来到农村地区，在深入了解农村实际情况的基础上，可以发挥自身的智力和信息优势，让自己成为“新型农民”的表率，并通过自己的成功，带动一批农民参与学习，提高培养新型农民的效率和成功率。

以北京市的“大学生村官”计划为例：目前活跃在京郊的 2000 余名大学生“村官”，被村民称为政策宣传员、决策咨询员、科技普及员、信息调研员、档案管理员、村务协管员、文化小教员、活动组织员等。他们有的运用所学理论知识，为村里制定发展规划；有的利用自身特长，帮助村里推销产品；有的结合所学专业，在种植、养殖、果树栽培等方面进行试验和探索，帮助村民致富。毕业于法律系的大学生“村官”，还在村里举办普法培训班，创建法律工作室，为村民提供法律服务，担任诉讼代理人，协助村集体通过司法途径解决土地承包等合同纠纷。大学生“村官”已成为

① 宋相义 . 2007. 农村村级组织建设的创新之举——对“大学生村官”计划的调查与思考 . 前沿，2.

京郊新农村建设的生力军①。

5.1.1.3 为农村地区引进资金和信息资源 当前城乡分割的二元结构，不仅造成城乡之间人才和智力资源的巨大差距，在资金、信息等方面同样存在鸿沟，这些因素都导致城乡发展的极度不均衡，并因此产生恶性循环。

"大学生村官"计划的实施，不仅为农村地区带来人才和智力资源的回流，更促进了资金、信息等资源向农村地区流动。许多"大学生村官"都会利用自身在信息、资源等方面的优势，为农村地区引进项目，或者带来新的理念、技术、信息等，引导村民致富。

如河南平顶山市的大学生村干部，在两年中帮助当地制定发展规划 2 000 多个，引进项目 2 560 多个，推荐就业岗位 8 700 多个，举办实用技术培训班 2 240 多期，为农村修建图书室、娱乐室等文化场所 609 处②。其中，湛河区的大学生村官，2007 年共引进项目 12 个，总投资 4 000 多万元。还帮助村里整修道路共计 60 千米，修渠 30 千米，铺设自来水管道 3 万米，开辟绿化园区 7.3 公顷，帮助 80 多名群众扩大生产规模或新上项目，个人资助或协调资金 30 多万元③。

5.1.2 我国"大学生村官"计划的发展历程

5.1.2.1 20 世纪 90 年代末期"大学生村官"计划的试点和夭折 选送应往届大学毕业生到农村地区担任村干部的"大学生村官"计划，最早始于 20 世纪 90 年代末期。1998 年 10 月 14 日，中国共产党第十五届中央委员会第三次全体会议通过的《中共中央关于农业和农村工作若干重大问题的决定》提出：要支持和鼓励机关干部、军队转业干部和大中专毕业生到乡、村工作。相应这一号召，江苏、四川、海南等省的部分县市，开始尝试选派优秀的大中专毕业生到农村工作，担任党支部副书记、村委会副主任、村经济合作社副社长、村辅导会计、村群团干部等各种职务。当时选择的大学生并非局限于应届毕业生，具有大学学历即可参加选拔，但在选择过程中比较倾向于学生党员、学生干部等，项目初期进展效果良好，受到了农村地区干部和群众的欢迎。

然而，随之不久在全国范围内开始的撤乡并镇热潮，以及新一轮乡镇区划调整、

① 辛铁樑 . 2007. 让村村都有大学生——北京市选聘大学生"村官"的实践与思考 . 求是杂志，17.

② 孙凯 . 2006. 空降村官——河南省平顶山市大学生村干部调查 . 决策，5.

③ 河南省教育网：湛河区大学生村干部交出满意答卷，2008 - 2 - 21.

村组合并和村干部裁员工作，导致“大学生村官”几乎全部被精简，不少地区的“大学生村官”试点就此夭折，再加上财力、编制等条件限制和管理方面的问题，早期的“大学生村官”计划大多最后以停滞而告终①。

案例1. 海南儋州因后续措施缺乏造成的“大学生村官”计划停滞

海南省1999年启动“大学生村官”计划，其中，定安县、临高县、昌江黎族自治县、东方市、文昌市、儋州市、三亚市等市县都先后组织招聘过一批“大学生村官”。然而，7年之后，这个全国最早的“大学生村官”计划却渐趋停滞。其中定安县组织部门统一招用的30名“大学生村官”尚未结束挂职，当地政府已将他们安排到各乡镇中学担任代课老师，这种变化既引起当地民众的争议，也让部分“大学生村官”感到无所适从②。

对于在基层工作的“大学生村官”的后期管理及锻炼期满后的使用，成为当前有关部门面临的一个严峻考验。曾参与负责“大学生村官”工作的海南省人力资源开发局人才管理服务处处长廖红认为，海南各市县自行负责选聘的“大学生村官”之所以陷入窘境，主要是受财力、编制等条件限制，对他们的后续安置问题没有做好。地方财力不支、少编缺编、缺乏配套机制和社会保障，不能确保政策的延续性等问题，是造成海南“大学生村官”计划中途夭折的重要原因③。

案例2. 四川等地因待遇等问题造成的“大学生村官”流失

四川省自1997年以来先后选派8 600多名大学毕业生到村（社区）工作，但统计显示，现仍在村（社区）工作的不足3000人，流失率达70%以上。特别是条件较艰苦的地区，几乎留不住人，同时，农村实用、紧缺的人才很难选到。四川省委组织部副部长刘中伯认为主要有4个原因：工作重视不够；经济待遇偏低；教育管理工作没跟上；政策激励不到位。

首先是工作重视不够。一些地方对选聘工作的重要性缺乏认识，没有真正纳入议事日程。其次是经济待遇偏低。各地自行选聘的大学生每人月工资仅有400～600元，普遍低于当前平均工资水平；参加“三支一扶”和“大学生志愿服务西部”计划的月

---

① 海言.2001. 接力工程缘何难再“接力”——某地大学生村官被精简情况透析. 中国公务员，10.

② 资料来源：《中国青年报》2006年3月1日，第003版.

③ 资料来源：《中国青年报》2006年3月1日，第003版.

补贴也在1 000元以下，许多大学生因待遇偏低，加上吃、住、行等问题难解决，不愿到农村（社区）工作。第三，教育管理工作没跟上。许多地方由于管理机制不健全，对选派大学生教育培养不够，重选拔、轻管理，多数大学生处于松散管理状态。第四，政策激励不到位。选派大学生两年志愿服务期满后，面临再次就业，虽然出台了升本、考研方面的优惠措施，但对表现优秀、自愿留在农村工作的大学生没有出台定向考录公务员和事业干部等激励政策，许多人缺乏长期待下去的信心①。

5.1.2.2　2004年由教育部启动“一村一名大学生计划”，利用远程教育手段为农村培养人才　2004年，教育部启动“一村一名大学生计划”，利用现代远程教育技术，通过中央广播电视大学及全国广播电视大学系统，并集成全国农业高校和相关高校优质教育资源及实用技术课件，通过采用广播、电视、卫星、互联网等现代远程教育技术手段，利用全国已建成或正在建设的中小学信息技术教育站（点）、农村党员干部教育站（点），将高等教育输送到县和中心乡镇的学习点，在农村以中央广播电视大学的高职教育为主，每年每村招收一名大学生，培养高等职业技术教育层次的农村实用科技人才和管理人才。

中央广播电视大学为“一村一名大学生计划”的主要实施单位，计划2004年先期在全国选择百县开展试点，并与地方电大共同向西部100个县投资2 000万元。计划2004年7月开始招生，5年累计注册学生达20万以上。“一村一名大学生计划”招收对象主要面向具有高中（含职高、中专）毕业或具有同等学历的农村青年，鼓励复员退伍军人、农业科技示范户、村干部，以及乡镇企业或龙头企业带头人、科技致富能手参加学习；根据农业生产特点和解决农民学生工学矛盾，农村大学生的培养主要采用电视教学、网络教学、集中面授、个别辅导、学习小组等相结合的方式开展教学，并改革现行考试办法和建立系列证书管理制度，实现学历教育与非学历教育的沟通与衔接②。

“一村一名大学生计划”的出发点，是直接从农村地区选拔人才加以培养，采用远程教育方式使他们获得相应知识和学历，与“大学生村官”计划把城市里的大学毕业生输送到农村的思路不同，“一村一名大学生计划”是让乡村能人、精英、带头人

---

① 《中国社会报》，2007年7月31日，第002版.

② 资料来源：教育部启动“一村一名大学生计划”新闻通气会，教育部副部长吴启迪讲话.

等成为大学生，认为这样更能够培养“用得上、留得住”的农村人才。然而，这一计划的问题是很难保证选拔人才的公正性和教育质量的可靠性，远程教育是否能真正起到培养人才的作用还很值得怀疑。

案例 3. 河北开展的“一村一名大学生计划”试点以人才离开农村收场

河北省曾经开展“一村一名大学生工程”，按每人补助 1 万元资助村民上大学，毕业后要求回农村服务，然而最后却遭遇失败：愿意加入这个计划的村民越来越少，而过去参与计划并进入大学的村民，在毕业回乡后却面临无事可做的困境，最后不得不离乡外出。据新华社报道，在全国率先实施“一村一名大学生工程”的河北农业大学，2005 年 7 月 1 日向农村输送第一批 201 名定向毕业生。近 4 个月过去了，大部分毕业生回村后“水土不服”难以发挥专长，有的无所事事、内心彷徨，有的不得不外出打工。按当初设想，这批学生不掏学费脱产学习 2 年，依协议回当地农村，成为农村后备干部或科技示范户。这一办学经验去年被教育部向全国推广，然而首届毕业生却面临尴尬。

以河北省邯郸市大名县为例，该县的“一村一名大学生工程”在第一年有 12 名，第二年已骤减到 5 名，而到 2006 年，仍然留在农村的仅有一人①。

河北“一村一名大学生工程”的首创者，河北农业大学校长刘大群认为：正是因为政府一系列配套政策的缺乏，造成了河北该工程的困境，事实上，政府给这些回乡大学生的指示是“服务农村”，除此之外，没有任何说明，也没有安排具体工作，更加没有提及相关待遇问题，这种“无人理睬”的窘境，正是大学生最终离开的主因，当地农业局负责人王春峰说：“邯郸市 100 多万元的学费已经递出去了，如果后续的配套资金或者政策跟上，这些大学生也许就不会离乡。”

5.1.3　各地开展“大学生村官”计划的不同模式和经验教训

国家层面上并未给出开展“大学生村官”计划的统一指导文件，但在鼓励大学生前往农村就业的总体思路以及北京等地“大学生村官”计划的示范作用下，全国各省区市都开展了“大学生村官”计划的相应试点，截止到 2008 年，包括新疆维吾尔自治

---

①　谢丁．2006．河北大学生村官模式为何失败．乡镇论坛，4 月．

区、西藏自治区等少数民族自治区在内，全国所有省区市都陆续开展了“大学生村官计划”、“一村一名大学生计划”等相关工作，据粗略估计，目前全国至少有 20 万名“大学生村官”①。

如表 5.1 所示，各省区市的“大学生村官”计划多以县市为单位开展，即由各县市自己制定选拔方式和管理办法，以达到因地制宜的效果，因此，在不同地区，出现了各种不同的“大学生村官”计划实施模式，相应进展也各有不同。

表 5.1 全国各省级行政区开展“大学生村官”计划的时间

年份	开展大学生村官计划的省级行政区						
1997	四川							
1999	海南							
2000	福建	河南	辽宁	浙江				
2003	青海	江苏	云南	山西	上海			
2004	重庆	河北	广东					
2005	江西	北京	贵州	黑龙江	吉林	陕西	安徽	甘肃
2006	新疆	内蒙古	天津	湖北	广西	湖南	山东	
2007	宁夏							
2008	西藏							

资料来源：根据“中国重要报纸全国数据库”相关报道整理

5.1.3.1 北京地区以优厚待遇产生吸引力的“大学生村官”计划 北京市 2006 年首批招聘 2 000 名大学毕业生到郊区，担任村党支部书记助理和村委会主任助理。2007 年该计划继续实施，全市共有超过 1 万名大学毕业生报名应聘北京大学生“村官”，据推算，当年全市 17 个大学毕业生中就有一人报名。

北京大学生对“当村官”的热衷，与背后的优厚待遇支持密不可分：北京市人事局公布了《关于引导和鼓励高校毕业生到农村基层就业创业实现村村有大学生目标的实施方案》，被聘为行政村村委会主任或书记助理的本科毕业生，第一、二、三年平均月薪分别为 2 000 元、2 500 元、3 000 元，还可在此基础上浮动。这个数字远高于北京大学课题组调查的本科毕业生平均 1549 元的起薪。北京市人事局还规定，非北京生源的北京地区高校毕业生，聘用两年连续考核合格者，经批准给予办理北京市户口；如果学生工作满两年后报考研究生，入学考试总分加 10 分，3 年合同期满后表现

① 数据来源：大学生当村官：“跳板”尽头有路吗？中国教育网 .

特别优秀者，可推荐免试入学；另外，在 3 年合同期满考核合格后，通过相关公务员考试的，可优先录用为北京市国家公务员；表现优秀的，可列为副处级后备干部。

可以说，正是这种优厚待遇，使北京的“大学生村官”格外有吸引力，能够引来上万大学生报名，也使得成为“村官”的大学生没有后顾之忧，可以更好地为新农村建设服务。然而，这种待遇需要强有力的财政支持，也只有在北京这样的经济发达地区，才有实现的可能。

5.1.3.2　浙江慈溪以重视本土人才为特征的“大学生村官”计划　《慈溪市选拔大中专毕业生到村工作实施办法》要求，“大学生村官”只能报考本人户籍所在乡镇的行政村；录取后，大学生与相关村签订聘用合同，试用期半年，报酬等各项待遇参照同类村专职干部，但月基本报酬不低于 800 元，养老保险参照事业单位标准缴纳，医疗保险参照城镇职工标准缴纳。

位居全国百强县前列的慈溪市，居民年平均收入已达到 15 800 元，这样的待遇似乎并不算优厚，为何能吸引到 1 200 多个大学生报名，竞争 37 个“村官”岗位，其中还不乏来自浙江大学、中国科技大学、四川大学等重点院校的本科毕业生？据当地人事局透露，原因与如下规定在很大程度上密切相关——到村工作满 2 年的大学生，只要年度考核合格，将通过选拔进入街道、乡镇及所属事业单位，对于渴望能有稳定工作的大学毕业生而言，这是一条能够避免激烈竞争的捷径①。

同时，“本人户籍所在乡镇”这条规定，很好地保证了“大学生村官”的本土性，对当地情况更为了解，更容易融入村民社区，也更能“留得住”。尽管慈溪市作为经济发达地区，并没有用十分优厚的待遇来吸引“大学生村官”，但重视本土人才的策略，也收到了良好的效果。

但是，对于慈溪市的这种“大学生村官”模式也存在质疑，有观点指出：只招收本地户籍学生，人才面过于狭窄，且有借“大学生村官”之名义缓解本地大学毕业生就业压力之嫌，并不能真正起到利用“大学生村官”政策吸引人才回流，培养新型农民，建设新农村的效果。

5.1.3.3　河南省重视“扎根”的大学生村官计划　以河南省鹤壁市为例，从 2003 年开始，鹤壁市开始实施大学生“村官”计划，面向社会公开选拔大学生，是党员的担任村党支部副书记，不是党员的担任村委会主任助理，3 年时间招收了 4 批，全市 879

---

① 《人民日报》，2005 年 12 月 16 日，第 005 版．

个行政村已有 1 018 名大学生在村两委中任职。3 年实践证明，这些大学生发挥了很好的作用，激发了农村基层组织的生机与活力，他们把学到的知识用到建设当中去，几年带领群众办各类示范基地和养殖小区 90 多个，领办的企业年产值接近 2 亿元，利润达到 2 700 万元。此外，还有 393 名大学生入了党，33 名当选村支书或村委会主任①。

为什么鹤壁市的大学生村官计划可以获得成功？其市委书记王训智认为，关键在于长效机制：要制定相应的管理办法，在政治待遇、经济待遇、激励机制、淘汰机制、评价机制等方面制定相应的管理办法，让大学生"村官"引得进、留得住、用得好。鹤壁市的"大学生村官"计划，在选拔、培养、帮扶、管理上都已形成一套行之有效的机制。

首先是选拔。市委定下几个"优先"：专业与当地经济发展联系紧密者优先，有致富和带富项目者优先，有农村生活经历和工作经验者优先，大学期间入党者优先。并把选拔本村的大学毕业生回村任职作为首选。

其次是因材施用。是正式党员的，可任村党支部副书记（特别优秀者可任书记）；是预备党员或非中共党员的，一般任村民委员会主任助理，也可通过法定程序担任村民委员会副主任、主任。最近，全市以第五届村委会换届选举为契机，鼓励"大学生村官"通过法定程序竞选村委会主任、副主任或委员，其中有 10 名"大学生村官"被选举为村委会主任、9 名被选举为村委会委员。

此外还有一套实用的帮扶机制：从县区领导直至村党支部书记，都对"大学生村官"负有帮扶责任，而帮扶的重点还是项目。淇滨区大河涧乡建立起"创业担保基金"，有效缓解了"大学生村官"的资金难题。淇县北阳镇新庄村"大学生村官"赵梅均在创办牧业公司时，得到县、镇两级党委帮助，资金、场地等难题一一化解。同时建立起激励机制和正常退出机制，并通过两个月一次的调研督查制度加强管理，"大学生村官"必须每季度向党员和村民代表述职，接受评议监督。正是这一系列的措施保障，使得鹤壁市大学生村官"用得上、留得住"，截至 2006 年，在 1 018 名大学生村官中，稳定率高达 97.5%②。

5.1.3.4　安徽凤阳鼓励"创业"的大学生村官计划　安徽省凤阳县在 2007 年和大学生"村官"签订合同时，首次把创业作为必须要做的工作之一写进了合同。凤阳县县

① 《新华每日电讯》2006 年 3 月 13 日，第 006 版.

② 《经济日报.农村版》2006 年 8 月 24 日 第 A01 版.

委书记唐颖解释说，对于大学生“村官”来说，他们发挥自己价值的最有效的途径就是创业。大学生“村官”创业，更多的是发挥他们的示范功能，而不是去挣钱。

安徽省在 2006 年招聘“大学生村官”后，发现存在一部分大学生无所事事，甚至不来上班等问题，主要原因是农闲时当地大多数青壮年村民外出打工，留下的老人、小孩等与“大学生村官”交流困难，事实上，这也是全国很多农村地区普遍存在的问题。针对这种情况，凤阳县采取的应对方式是要求“大学生村官”以“创业”为主要工作，并要求“大学生村官”每月写报表，每天写工作日记，记录一天的工作，以掌握“大学生村官”的创业动向，及时加以引导，还将制定年度考核目标。同时，不再将“大学生村官”分散到各个村部，而是采取 3 人一组的捆绑方式，到一个村里创业①。

然而，安徽省这种模式也遭受到一定批评，部分观点认为：缺乏社会实践经验的大学生“村官”的真正优势根本不在创业方面，真正有创业才能的大学生可能也不会到农村来。大学生“村官”的真正优势在于其大干一番事业的激情以及相对丰富的理论知识储备，如果将他们在农村的施展舞台限制于创业，那还不如去支持扶助当地的农民企业家②。因此，以“创业”为主要内容的“大学生村官”模式，可能无法达到理想的效果。

5.1.4　“大学生村官”计划运作过程中需要改进的几大问题

5.1.4.1　如何避免“大学生村官”流于形式，让大学生真正在农村地区发挥作用　如前文所述，当前“大学生村官”计划在全国多数地区已有较好的开展，但随之而来的也有“政绩工程”、“形式主义”等批评。许多人怀疑，缺乏实践经验的大学生，究竟是否能应对复杂的农村环境，能否获得村民的信任和拥护，最终能够胜任“村官”这一角色？

对农村地区的调查显示，大多数农村居民热情欢迎大学生的到来，但更多是希望大学生可以传授农业科技知识，或者引导村民致富。在当“村官”方面，部分村民认为比起原有的村干部，大学生可能更有热情，也更愿意为村民做实事；而大部分村民则觉得大学生不一定有处理农村复杂事务的能力。对河南大学生村官的一项调查显

① 《新安晚报》2007.

② 《农民日报》2007 年 11 月 21 日 第 003 版.

示，有17%的村民认为“大学生村官”计划是走过场、形式主义，两成多的村民反映所在村的大学生村干部很一般，挂闲职①。

考察目前已有的“大学生村官”计划，很少有真正让大学生担任一村的领导事务，多数只是让他们以助理身份“协助两委工作”，不可避免的，在某些农村地区，大学生村官就此成为“摆设”，成为当地“政绩”工程的一部分，而不能真正为农业、农村、农民发挥应有的作用。

在这种情况下，“大学生村官”对自身作用的定位，和村民的期待之间出现矛盾。如对河南平顶山“大学生村官计划”的调查显示，82%的村民认为当前农村工作的重点是发展经济，36%的人认为要搞好学校教育，30%的认为要提高科技水平。然而，对“大学生村官”的调查发现，86%的大学生村干部认为组织文艺活动、活跃农村气氛是重要的工作，这与农民群众的要求并不一致②。

此外，大学生在校学到的各种知识与农村实际相脱节，也是造成他们无用武之地的重要原因。近年来，大学生毕业后当“村官”的越来越多，但是，对“大学生村官”所需要的各种知识和技能的教育，却没有进入高校对大学生的培养过程。

因此，探索合理的途径和方式，从“农民本位”角度，从农村居民的实际需求出发，让大学生能够真正在农村地区发挥实际效果，为农民群众服务，成为能够让农民满意的“村官”，是我们未来“大学生村官”计划进行过程中必须考虑的问题。

5.1.4.2 如何吸引更多的人才下到基层农村，尤其是贫困边远的农村地区 对比不同地区“大学生村官”计划的进展可以发现，在经济较为发达的地区，如北京、浙江等地，“大学生村官”产生较强的吸引力，甚至出现数十人竞争同一个岗位的情形，参与者也不乏名校学生，乃至硕士生、博士生；然而，在经济不太发达的河南、安徽等省，参与“大学生村官”计划的学生积极性明显较低，以专科生为主，而且愿意应聘的大学生渐渐减少，如安徽凤阳县，在第二年招聘“大学生村官”时，就出现应征人数少于招聘计划的问题。这说明要改变目前城乡间人力资源的二元格局，吸引优秀人才到基层农村，还有很长一段路要走。

5.1.4.3 如何构建适当的保障体系，使大学生愿意留在农村 海南、四川、河北等地“大学生村官”计划的早期尝试遭遇失败，表明不完善的后续安排和政策保障，是致

---

① 2005. 河南一项最新调查发现大学生“上山下乡”还是有难度. 领导决策信息，8.

② 孙凯. 2006. 空降村官——河南省平顶山市大学生村干部调查. 决策，5.

使“大学生村官”留不住的重要原因。

一些贫困市县急需人才，可机关和事业单位严重超编，大学生村干部来了，编制和后续安置问题却无法解决。大学生村干部看不到前途，工作自然难有动力。据报道，大学生村干部工作在一些地方已被迫陷入停滞。

即使在“大学生村官”工作开展较好的河南省，最近一份调查表明，也存在学生“下不去，留不住”等问题。调查显示，只有 37%的大学生愿意扎根农村，很大一部分将选择回原单位或考研。此外 50%以上的大学生认为目前的工资待遇较低，期望获得 800～900 元以上的工资，而目前河南“大学生村官”的工资水平仅在 500 元左右①。

经济发达的地区，如北京、浙江等，都通过建立一套有效的保障措施来留住“大学生村官”，然而，在更迫切需要“大学生村官”的不发达地区，这一套保障体系该如何建立，则是需要探讨的难题。

5.1.5　结论：让“大学生村官”在农村地区有所作为

5.1.5.1　鼓励“大学生村官”为农村地区引进项目和资金，切实满足农民要求，带动村民致富　目前，农村地区居民最迫切的要求是经济发展和收入提高，“大学生村官”如果能在这方面给村民带来收益，是最受他们欢迎的，也最能体现自身价值的。同时，大学生本身的信息和资源优势，也使得他们在这方面最容易发挥作用。已有的实例显示，在农村地区干得好、待得久、受欢迎的大学生，大多是能够为当地带来项目，引导当地村民致富的人才。

河南省鹤壁市自 2003 年实施“大学生村官”计划以来，截止到 2006 年上半年，大学生村官共成功地创办各类致富项目 458 个。据不完全统计，这些“大学生村官”项目中，仅畜牧养殖类项目，年销售收入近 2 亿元，年利润 4 800 多万元，吸纳农村剩余劳动力 3 700 多人，有力促进了农村经济的发展②。可以说，正是因为有了这些项目，才能使这些“大学生村官”在经济相对不发达的河南省发挥作用，在获得村民认可的同时实现自我价值，这也正是河南省“大学生村官”计划相对较为成功的根本原因。

大学生踏出校门不久，其接触到的社会资源大多来自学校，因此，依托母校资源

① 数据来自中国农业大学和河南大学组成的“大学生村干部计划”调查组。

② 翟书斌，刘军铭．浅论大学生村官与村级领导班子能力建设。

发展，也是许多“大学生村官”成功引进项目的重要来源。以北京市“大学生村官”计划为例，北京农学院的太平庄村书记助理姜涛，了解到所在的村多年来仅仅以种植玉米为主，产量不高且经济效益低的状况后，把北京农学院金文林教授多年研种的红小豆引种过来，和玉米进行套种试验，改变村里的种植结构。西桑园的村书记助理刘福强来自北京林业大学，根据康庄镇风大、需要水土保持的特点，从母校引进了四倍体刺槐 260 棵进行试种。目前这 260 棵刺槐已经进行了几茬的收割，成为牲畜良好的饲料①。

可见，通过引进项目带动农民致富，既能较好地满足农民群众发展经济的需求，帮助他们提高收入，又能使“大学生村官”有所为，在农村地区发挥价值，并获得农民认可，从而使他们能够真正“用得上”、“留得住”。

5.1.5.2　仿照“留学生创业基金”模式，为大学生村官提供项目基金和相应政策支持

如前所述，在农村地区受到较多欢迎的“大学生村官”，多半是能为当地带来项目，引导村民致富的“大学生村官”，然而，尽管大学生村官有着信息、资源方面的较多优势和母校所给予的一定支持，但作为刚刚踏出校门的学生，其拥有的资源毕竟有限，母校所能提供的支持也并不能完全满足他们的需求，这就需要国家和地方政府，在资金和政策方面给予一定的扶持和帮助。

对于留学归国人员，我们有“留学生创业基金”鼓励其创业，那么对于“大学生村官”，是否也可以考虑设立类似的基金，鼓励他们申请相应的项目来带动村民致富呢？目前国家每年有大量的支农资金投往农村地区，可以从这些资金中抽出一部分作为项目基金，鼓励大学生设计带动村民致富的相关项目，申请国家的资金支持。同时，各地政府也应该在贷款获得、项目审批等方面为“大学生村官”提供支持，以弥补“大学生村官”社会资源相对缺乏的不足，利用大学生的知识和信息优势，实现农村地区的发展。

5.1.5.3　与高校紧密结合，加强“大学生村官”的前期培训，使其更能满足农村地区发展的需要　目前对于“大学生村官”的一个突出批评就是所学知识与农村实际相脱离，未能完全满足农业、农村、农民发展的需求。这与我国大学教育重书本、轻实践，重城市、轻农村的现状息息相关，需要从教育制度和教育内容本身加以改进，在高校层面上改善教学方式，培养出更能适应新农村建设需要的人才。

① 《大学生村官助理：在新农村建设中锻炼成长》，新华网，2006-08-29.

2007 年以来，部分高校已经开始探索培养“大学生村官”的相关方案，如河北科技大学与辛集市签署的“校市合作”协议，共同培养“村官”是合作的内容之一①。该校在 2007 年派遣在校老师和学生奔赴河北辛集市农村担任乡镇长助理、村委会主任助理等职，以培养他们当“村官”的本领。师生挂职时间为 1 年，集中挂职时间安排在假期，挂职师生实质参与乡镇、村的决策和各项工作，非假期工作根据乡镇和街村需要灵活安排。培养大学生当“村官”，已列入河北科技大学对大学生的培养内容。

此外，也有部分省市开始尝试由高校直接培养农村青年的方式，如湖北省计划从 2008 年至 2012 年，投入 1.4 亿元，在农村本地青年中选拔 1.86 万人，接受“全免费”的大专学历教育，到 2010 年可实现“一村一名大学生”。湖北省决定将此次培养对象限定为农村本地优秀青年，如基层干部、农技人员、经营大户等，只要年龄在 40 岁以下（参加脱产学习的，年龄在 35 岁以下），政治素质好，身体健康，均可报名。而且参加培训的学员，必须与所在乡镇签订毕业回村服务合同，原则上在村服务期限不少于 5 年②。

但是，湖北省这种培养“大学生村官”的模式与河北省已经失败的“一村一名大学生计划”较为相似，如何防止河北模式里“留不住人才”的现象重演？怎样保证这批培养出的本地人才能够真正为农村地区所用？这仍然是一个需要在实践中加以探索和解决的难题。

5.2　大学生选择“村官”的动机及其工作现状分析——基于北京地区的调查

伴随着 1999 年我国各高校开始扩招，大学生毕业人数剧增，大学生就业难的问题也日益突出。面对越来越严重的就业压力，大学生就业心态发生了转变，大学生择业越来越趋于理性、务实。大学生把地位、声望等东西看得比较淡，而更重视个人发展、经济收入等实际的功利化的因素。大学生择业目标长期集中在经济发达的大中城市或国有大型企业、外企和政府机关的情况开始有所转变，大学生开始关注中小城市、西部地区及农村。但是大学生在择业过程中缺乏竞争的勇气，依赖心理严重。由

① 资料来源：《中国教育报》2007 年 7 月 25 日第 2 版.

② 人民网，2008 年 1 月 17 日.

于大学生长期处在城市环境中，对农村等欠发达地区缺乏了解，没有勇气“下嫁”基层工作，不敢面对离开城市，到农村工作的风险。这种情况下，国家“大学生村官”制度的出台，对大学生选择到基层实现就业起到了重要的引导作用。

城市人才市场的饱和状态及大学生自身择业心态的改变，都对大学生选择基层工作产生了“推力”作用；同时农村对高等人才的迫切需求，以及国家“大学生村官”政策给予的各项优惠政策对大学生选择到农村发挥作用产生了强大的“拉力”作用。以北京市为例，北京市目前共有行政村 3978 个，但是基层组织中基本上没有本科大学毕业生，通过自学获得专科文凭者也仅仅占村级干部的 20%。北京市各地区“大学生村官”基本工资为本科生 2 000 元，硕士生 2 200 元，工作 2 年以上解决城市户口，“大学生村官”待遇远远高于应届毕业生平均工资水平。

在城市“推力”与农村“拉力”的双重作用下，选择到基层工作、担当“村官”职务的大学生逐年增多。以北京市“大学生村官”为例，2006 年，北京市共有 1.1 万名大学生报名“村官”招聘，2007 年，报名应聘“大学生村官”的人数达到 1.9 万余名，同比增长 72.7%。

“大学生村官”政策的出台既缓解了大学毕业生就业难的压力，又提高了农村基层干部的整体素质水平，实现了大学毕业生与农村两方的“共赢”，因此研究大学毕业生选择“村官”这种择业行为很有现实价值。本书着重研究大学毕业生选择“村官”这种择业行为，主要包括大学毕业生选择“村官”时的择业心态及外部影响因素，“大学生村官”的工作现状及其对工作的满意度。本书对大学毕业生选择“村官”这种行为做出评价，并针对其工作中的问题提出一些建议。

5.2.1 研究方法及其说明

针对这次调查，我们设计了两份问卷。第一份问卷针对北京市“大学生村官”本人，分为四个部分：第一部分为“大学生村官”的基本状况调查，主要包括“大学生村官”的性别、年龄、专业、学历、毕业时间等问题；第二部分为“大学生村官”择业动机调查，主要了解大学生在选择做“村官”时的初衷、家人态度及未来打算；第三部分为“大学生村官”的待遇调查，主要了解目前北京市“大学生村官”的工资、生活补助及其他优惠政策，这部分问题主要是用于和北京市大学应届毕业生平均待遇进行比较；第四部分为“大学生村官”工作状况调查，主要了解“大学生村官”工作职务、在当地的影响及工作中的困难，这部分问题用来对大学生选择“村官”进行跟踪调查，了解“大学生村官”对实际工作的满意度。第二份问卷针对调查地区的村民，分为两部分：第一部分为受访农民的基本情况；第二部分为专题调查，包括村民对当地“村官”的基本评价，“村官”给农村和农民带来的影响，及村民对“村官”的看法和建议。两份问卷从大学生和村民两个主体全面地认识影响大学生选择“村官”的因素及“大学生村官”对农村的影响。

本次调查采用问卷与访谈相结合的手段。在实际操作中，我们采用了整群抽样(cluster sampling) 的方法，首先把北京市 5 100 名“大学生村官”按照工作城区分类，充分考虑了北京市各区间发展差异，然后从各区随机抽取样本。在进行正式调研前，我们进行了预调查，实地访谈了 5 位“大学生村官”。根据预调查的情况，我们及时对问卷进行了修改补充。在充分完善问卷的基础下，我们采用了电子问卷的形式，共发放 100 份问卷，回收 87 份，有效问卷 54 份，有效率 62.1%。

作为全国的政治文化中心，北京市集中了全国 82 所知名高校，每年有大量的大学毕业生，并且大多数毕业生选择在城区就业，就业压力越来越大。据北京市高校毕业生就业指导中心统计，2006 年北京地区普通高校的毕业生总数约为 18.2 万人，再创历史新高，大学毕业生的就业形势非常严峻。另一方面，北京市郊区高等人才非常稀缺，北京市目前共有行政村 3 978 个，但是基层组织中基本上没有本科大学毕业生，通过自学获得专科文凭者也仅仅占村级干部的 20%。

为了缓解大学毕业生就业压力并且促进郊区农村的发展，2005 年北京市委、市政府明确提出要“力争用 3 至 5 年时间，实现每个村、每个社区至少有 1 名高校毕业生”的目标。

2006 年，北京市共有 1.1 万名大学生报名“村官”招聘，录取 2 100 名，录取比例大致为 6∶1；2007 年，报名应聘大学生村官的人数达到 1.9 万余名，其中，研究生 1 800 人，本科生 1.1 万人左右，录取 3 000 人，录取比例为 6.3∶1。越来越多的北京市大学毕业生选择到基层工作，这为我们了解影响大学生选择“村官”因素提供了丰富的研究对象。同时，我们的研究为把握大学生的就业心态，正确引导大学生择业提供了科学依据。

5.2.2　调查对象基本状况分析

通过调查，采集得到有效样本 54 份。所有内容均录入计算机，用统计软件 SPSS

进行分析，以下是样本的基本情况。

5.2.2.1 样本的性别、籍贯和原有户口分析 如表5.2所示，所有的有效样本中，男性有26人，女性有28人，男女比例为0.929∶1。其中，籍贯为东部地区的有40人，约占74.1%；来自中部地区的有6人；西部地区有8人。原有户口为城市户口的男性只有8人，女性有20人；原有户口是农村户口的男性有18人，女性有8人。

表5.2 调查对象性别、籍贯、原来户口情况

原来户口			籍贯（人）			总计（人）
			东部	西部	中部	
农村户口	性别	男	14		4	18
		女	8		0	8
		合计	22		4	26
城市户口	性别	男	6	0	2	8
		女	12	8	0	20
		合计	18	8	2	28

5.2.2.2 专业及学历分析 如表5.3所示，在被调查的对象中，本科学历的居多，一共有42人，硕士研究生学历的有12人，由此可见，大部分“大学生村官”为本科毕业生，去做“大学生村官”的硕士研究生毕业生比较少。其中，法学专业的有20人，占的比例最多，其次为管理学专业的毕业生，文学毕业生也占了相当的比例，经济学和理学专业的毕业生占的比例最小。这反映出“大学生村官”对相对“热门”专业毕业生缺乏吸引力。

表5.3 调查对象专业及学历情况

专业	学历（人）		总计（人）
	本科	硕士研究生	
法学	18	2	20
管理学	14	0	14
经济学	2	2	4
理学	2	2	4
文学	6	6	12
合计	42	12	54

5.2.2.3　对农村的了解状况　通过对被调查对象的原有户籍所在地及其对农村的了解程度来看，来自农村的大学生对于农村的了解要比来自城市的大学生稍微多一点，毕竟其接触农村的机会多一点。有 2 位来自城市的大学生对农村一点都不了解（表 5.4，图 5.1）。

表 5.4　调查对象对农村了解情况及其原来户口情况反映

对农村了解程度	原来户口（人）		总计（人）
	农村户口	城市户口	
非常了解	6	4	10
一般	18	18	36
知之甚少	2	4	6
一点不了解	0	2	2
合计	26	28	54

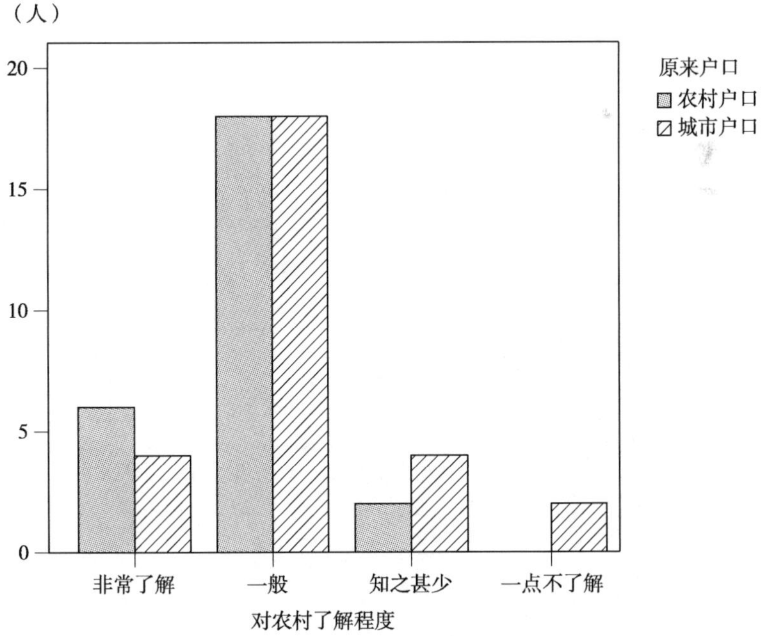

图 5.1　调查对象对农村了解情况及其原来户口情况

5.2.3 调查结果及其分析

5.2.3.1 “大学生村官”择业动机调查结果及分析

5.2.3.1.1 “大学生村官”择业意愿分析

5.2.3.1.1.1 “大学生村官”择业初衷情况分析 对于“大学生村官”当初的择业意愿调查结果显示（图 5.2），绝大部分毕业生在选择当“大学生村官”的原因中都包含了到基层接受锻炼，其次有很多大学毕业生考虑到了公务员考试对“大学生村官”优惠政策的激励，就业压力和户口问题也成为毕业生选择当村官的重要原因。可见，巨大的就业压力对于大学毕业生来说是一个不可忽视的问题，现行的户籍制度也是大学毕业生就业的主要障碍之一。赖德胜（2001）从劳动力市场分割角度出发进行分析，认为现行的户口制度等体制性障碍不利于大学生流动，是造成大学生就业率不高的主要原因之一。这也能很好地解释为什么户籍因素在“大学生村官”择业的初衷中占了

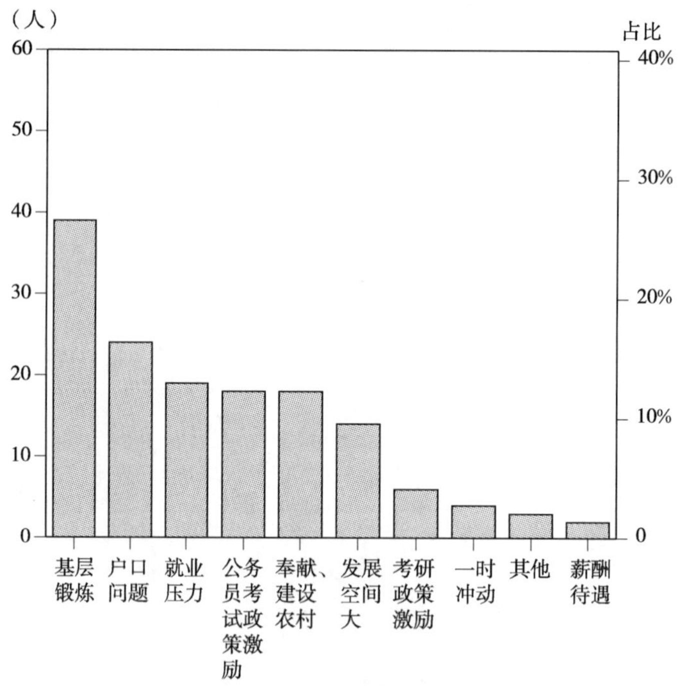

图 5.2 大学生选择“村官”的择业初衷

相当的比例。另外，从以上统计分析还能看出，薪酬待遇倒是很少成为大学生选择当“村官”的共同原因。

5.2.3.1.1.2　“大学生村官”择业时考虑最多的因素分析　如图 5.3 所示，对于大部分“大学生村官”来说，户口问题是其考虑选择当“村官”的最为重要的因素，可见，我国现行的户籍制度成为大学毕业生发展的非常重要的障碍，甚至存在一定的不平等待遇的现象。想到基层接受锻炼是大学毕业生选择“村官”职业的另一主要原因，当代大学毕业生认识到了基层经验的重要性。发展空间和就业压力也是其选择当“村官”的重要原因，而很少部分的大学生是为了奉献农村、建设农村的目的而选择当“村官”。可见，“大学生村官”普遍地缺少一种实在的为新农村建设作贡献的精神。

以上统计结果，从总体上反映出了大学毕业生选择做“村官”的行为动机，即大部分大学毕业生选择当“村官”存在一种“投机心态”，把参加新农村建设当做进入大城市的“跳板”，持这种心态的“大学生村官”具有一定的代表性。他们选择到农村当“村官”，不是出自对农村和农民的热爱，不是出自“把青春献给祖国、再造秀美山川”的使命感，而仅仅是在严酷的就业环境现实下的无奈选择和权宜之计，只是他们“服务”期满后进入大城市的“曲线进城策略”。在推进“大学生村

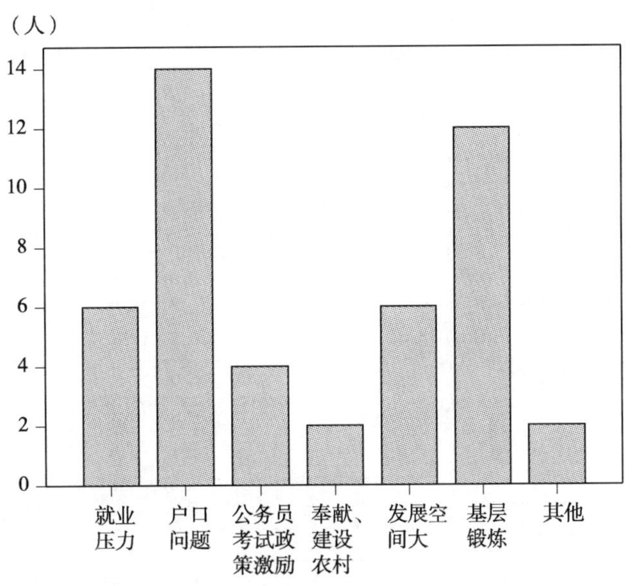

图 5.3　大学生村官择业时考虑的因素

官”这项工程的阶段，“大学生村官”获得了极大的政府承诺，比如解决户口、优先安排上研究生、公务员录取优先考虑等，所有这些举措在给“大学生村官”解决了后顾之忧的同时，也使得大学毕业生选择当“村官”的行为的短期性表现得更加明显。

5.2.3.1.2 家人态度对于“大学生村官”择业的影响程度分析 调查结果显示（图5.4），对于大学毕业生做“村官”的选择，家人的支持起到了一定的作用。在被调查的对象中，有74.07%的“大学生村官”的家人持支持态度，另有22.22%的家人持无所谓态度，极少数的“大学生村官”完全由自己作出选择。可见，绝大部分的家长对于子女选择当村官的行为是持支持态度的，这也反映了社会对于大学生群体从事“村官”这一行业的普遍认同。

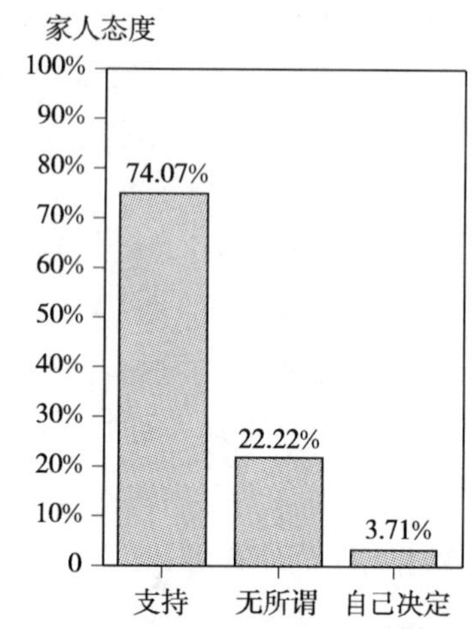

图5.4 家人对于大学生选择“村官”的态度

5.2.3.1.3 “大学生村官”未来发展规划对于其择业动机的影响程度分析

5.2.3.1.3.1 “大学生村官”未来发展规划情况分析 调查结果显示（图5.5），绝大部分“大学生村官”未来的人生规划是考公务员，进

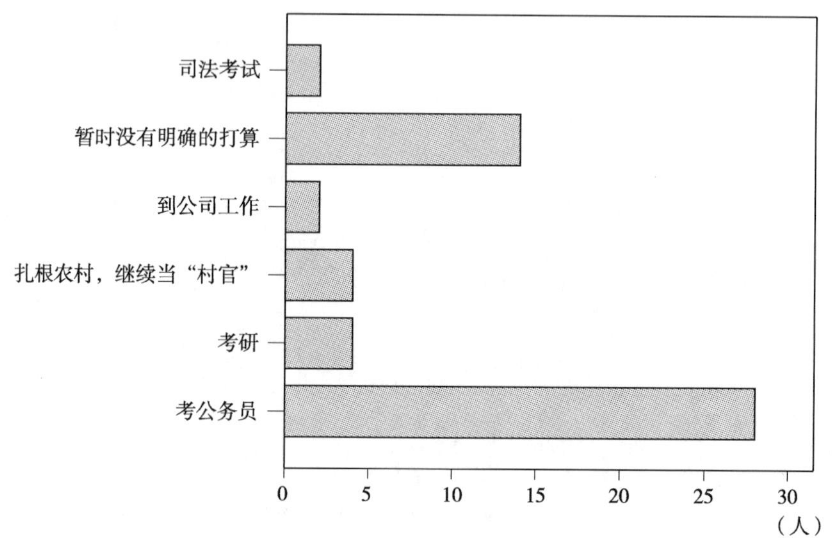

图5.5 “大学生村官”未来打算

入国家公务员的行列。结合前文的分析结果，“大学生村官”选择做“村官”、到基层接受锻炼很大程度上是为了以后做公务员，一方面，可以积累一定的基层工作经验，为以后的工作打好一定的基础，另一方面，也是由于国家对于“大学生村官”在考公务员方面的一定的制度优惠的激励。这又反映出了上述分析的“大学生村官”的“投机心态”和“曲线进城策略”。另外，截至调查时间为止，尚且没有明确的职业发展打算的“大学生村官”也占了一定的比例。

5.2.3.1.3.2　“大学生村官”择业选择和职业规划的关系分析　通过对影响“大学生村官”择业因素和其职业发展规划的列联分析，结果显示（表 5.5），在想考公务员的村官中，影响其择业的因素主要是户口问题、缺乏基层锻炼经验和就业压力，对于“大学生村官”公务员考试优惠政策的激励也是其选择“村官”职业的重要原因。在选择继续扎根农村的“大学生村官”中，主要的择业原因也就体现在其想奉献农村、建设新农村上。

表 5.5　“大学生村官”未来打算和择业因素对比

未来打算	考虑最多的因素（人）							总计（人）
	就业压力	户口问题	公务员考试政策激励	奉献、建设农村	发展空间大	基层锻炼	其他	
考公务员	4	10	2	0	4	6	0	26
考研	0	0	0	0	0	2	0	2
扎根农村，继续当“村官”	0	0	2	2	0	0	0	4
暂时没有明确的打算	2	4	0	0	2	2	2	12
司法考试	0	0	0	0	0	2	0	2
合计	6	14	4	2	6	12	2	46

以上结果再次表明，除了部分大学毕业生选择做“村官”是真心想扎根农村、建设新农村外，其他大部分大学毕业生选择做“村官”都是为了以后能进入公务员行列，把三年村官经历当作一种“资本”积累过程和暂时的缓冲。

5.2.3.2 “大学生村官”工作状况调查结果及分析

5.2.3.2.1　“村官”职务分布　从图 5.6 可以看出，“大学生村官”的职务主要是党支部书记助理和主任助理，在调查对象中，担任这两种职务的“村官”比例分别占了被调查总体的 48.15％。另外，有 3.7％的“大学生村官”从事除了以上两项以外的工

作，通过调查获知，主要从事如经理助理等方面的工作。

5.2.3.2.2 “大学生村官”日常工作内容分析 通过调查得知，大部分“大学生村官”的主要工作是协助党支部和村委会进行文书写作、材料整理、会议记录等文字处理工作以及文化、政策、法律等方面的组织宣传工作，基本上没有参与决策和领导。也就是说，现在的“大学生村官”没有什么实权，主要是为村委班子服务，与农民的沟通也少，因此对农村的直接影响较小。

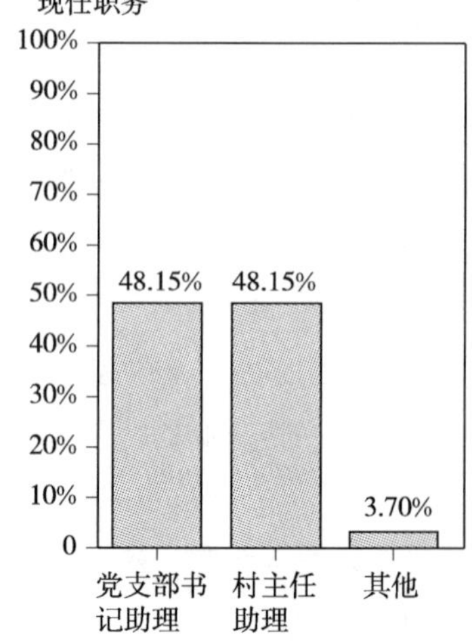

图 5.6 “大学生村官”职务分布

5.2.3.2.3 “大学生村官”薪酬及其工作满意度分析 通过调查（表 5.6），大部分“大学生村官”对于现有的薪酬待遇和工作感觉一般，很少有人对其现在的薪酬待遇和工作表示满意，而有相当部分的“村官”对于其现在的工资待遇和工作表示不满意，这暗示着“村官”制度的刚刚成形，薪酬体系较不完善。首先，在国家规定的“大学生村官”薪酬体系中，仅仅明确规定了市级财政的负担，即“大学生村官”的基本工资，对地方财政仅仅是建议性的说明，而不是硬性规定，对奖金和补助也没有明确规定。目前，“大学生村官”的补助因各村的情况不同而相差甚远，工资水平差距极大，导致部分“村官”的心理不平衡，不利于该群体的稳定。其次，固定的工资制使得工资无法随物价上涨等变化因素而弹性调整，一定程度上挫伤了“大学生村官”的积极性。再次，学历工资的差距较小，如目前研究生与本科生工资仅差 200 元，和现实学历工资较不相符，不利于鼓励高学历人才投身农村建设。

表 5.6 “大学生村官”薪酬及其工作满意度对比

待遇满意程度			现金补助（人）		总计（人）
			有	无	
满意	工资	1 800～2 100 元	4		4
	合计		4		4
一般	工资	1 800 元以及下	2	0	2
		1 800～2 100 元	6	16	22
		2 100 元及以上	6	0	6
	合计		14	16	30

（续）

待遇满意程度			现金补助（人）		总计（人）
			有	无	
不满意	工资	1 800 元以及下	2	2	4
		1 800～2 100 元	4	4	8
		2 100 元及以上	8	0	8
	合计		14	6	20

5.2.3.2.4　“大学生村官”接受培训情况分析

表 5.7　“大学生村官”职务与接受培训情况

现任职务	是否接受过培训（人）		总计（人）
	是	否	
党支部书记助理	16	10	26
村主任助理	16	10	26
其他	0	2	2
合计	32	22	54

通过调查获知，如表 5.7 所示，大部分大学生在担任“村官”职务之前接受过相应的培训。其中，担任党支部书记助理和村主任助理的“村官”中，接受过培训的“大学生村官”明显要比没接受过培训的“村官”多，而担任一些其他事务的“村官”则基本没接受过培训。总体来说，仍有四成“大学生村官”没有接受过任何培训，这也是导致部分“大学生村官”对自身定位不清、职责不明，无法更好地发挥作用的原因之一。这说明政府在引导“大学生村官”上岗方面还存在欠缺。

5.2.3.2.5　大学生个人能力对于担任“村官”职务的作用分析

从上面的分析可以看出，如图 5.7 所示，“大学生村官”普遍认为，在大学期间参加的社团活动对于现在的工作起到了重要的作用，其次，计算机知识也非常重要，专业知识次之，还有一些其他方面的知识起到了作用，如个人经验、待人处事能力、适应能力和悟性、农技知识等。而英语知识则相对来讲对于“村官”工作用处不是很大。这一现象反映了当前我国农村的信息化程度有所提高，对于计算机和网络的需求比较强烈。另外，也说明大学时代的社团活动对于大学生提高人际交往、沟通能力等有很大的帮助，有利于大学生进入工作岗位。

从对“大学生村官”关于以上因素哪个最重要的调查中发现（图 5.8），社团工作

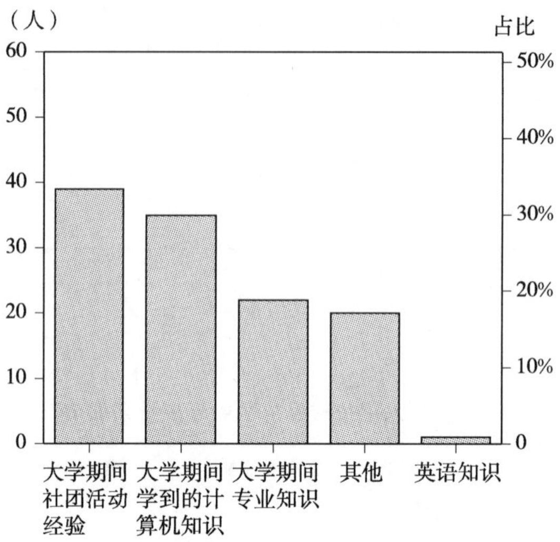

图 5.7　影响大学生工作能力的因素

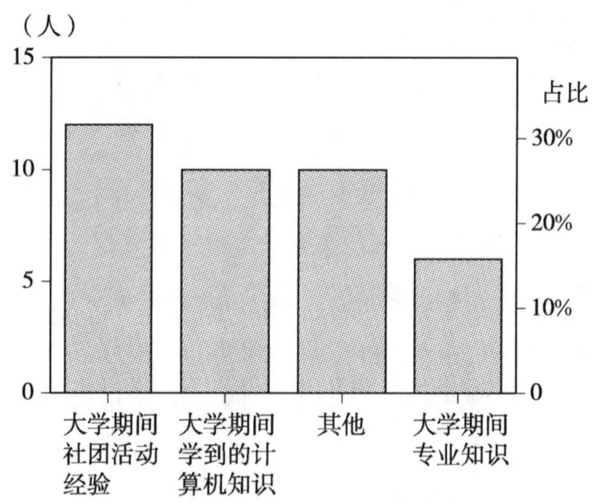

图 5.8　影响大学生工作能力的最重要因素

经历还是受到了最大的认可，计算机知识以及其他如个人经验、待人处事能力、适应能力和悟性等也占了相当的比重。而专业知识则处于相对不太明显的地位，能与自身专业对口的大学生也较少。这也反映了当前我国高校教育体系的弊端，设置的专业与现实结合得不够紧密，应用性不强。

5.2.3.2.6　村民对于“大学生村官”的认可程度分析　调查结果显示，如图 5.9 所示，与村民沟通越多，“大学生村官”越能得到村民的认可，这也符合常理。

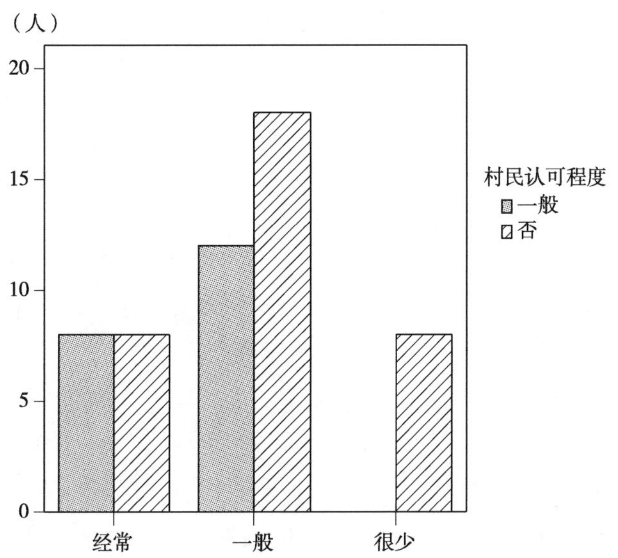

图 5.9　村民对于“大学生村官”的认可程度与其沟通程度

5.2.3.3　对于“大学生村官”工作满意度及其得到村民认可程度的回归分析　这里我们运用两阶段最小二乘法（2SLS），对“村官”的满意程度和村民对“村官”的认可程度进行回归分析。所用软件为 SPSS。两个线性回归方程方程 1 和方程 2 分别为

$$y_1 = a + b_1 x_1 + b_2 x_2 + b_3 x_3 + b_4 x_4 + b_5 x_5 + b_6 x_6 + b_7 y_2 + e_1 \quad (1)$$

$$y_2 = c + d_1 x_1 + d_2 x_2 + d_3 x_3 + d_4 x_4 + d_5 x_5 + d_6 x_6 + d_7 y_1 + e_2 , \quad (2)$$

其中，具体的变量解释参见表 5.8 中，e_1 和 e_2 分别为所在方程的误差项。

表 5.8　变量的定义

变　量	方程 1/方程 2 中的表示字母	定　　义
自变量		
性别	x_1	0＝女性，1＝男性
学历	x_2	0＝本科，1＝硕士，2＝博士
原来户口	x_3	0＝农村户口，1＝城市户口
待遇满意程度	x_4	0＝不满意，1＝一般满意，2＝满意

（续）

变　量	方程 1/方程 2 中的表示字母	定　　义
与村民沟通程度	x_5	0＝很少沟通，1＝一般，2＝经常沟通
领导重视程度	x_6	0＝不重视，1＝一般，2＝重视
因变量		
对工作满意程度	y_1	0＝不满意，1＝一般满意，2＝满意
村民认可程度	y_2	0＝不认可，1＝一般认可，2＝认可

经过检验（表 5.9），在有关"大学生村官"工作满意度的回归分析中，待遇满意程度、与村民沟通程度、领导重视程度对于"大学生村官"的工作满意度影响显著。在其他条件不变的条件下，对于待遇越满意、与村民沟通越多、领导越重视，对于工作的满意度就越高。结合调研访谈，我们分析认为，"大学生村官"觉得当前工作中很大的一个困难就是当地领导不够重视"大学生村官"，也较少参与到实际的工作中去，因此与村民沟通接触的机会就较少，导致"大学生村官"对于目前工作满意度不高。当然，待遇程度越高，自然也会对工作满意度越高。另外，结果还印证了调查中发现的普遍问题，即男性的满意度普遍比女性低；硕士生的满意度比本科生低；来自城市的"村官"满意度比来自农村的"村官"低；村民越认可，"大学生村官"的工作满意度越高。

表 5.9　计量结果

	方程 1（村官的满意度 y_1）				方程 2（村民的认可度 y_2）			
	系数	标准差	T 值	显著性	系数	标准差	T 值	显著性
常数项	−0.35*	0.20	−1.71	0.09	−0.19	0.21	−0.92	0.36
性别 x_1	−0.11	0.11	−0.98	0.33	−0.11	0.12	−0.93	0.36
学历 x_2	−0.12	0.13	−0.98	0.33	−0.21	0.14	−1.50	0.14
原来户口 x_3	−0.18	0.11	−1.59	0.12	0.10	0.12	0.84	0.40
待遇满意程度 x_4	0.28***	0.09	3.13	0.00	0.09	0.10	0.92	0.36

（续）

	方程 1（村官的满意度 y_1）				方程 2（村民的认可度 y_2）			
	系数	标准差	T 值	显著性	系数	标准差	T 值	显著性
与村民沟通程度 x_5	0.14*	0.08	1.71	0.10	0.15*	0.08	1.83	0.07
领导重视程度 x_6	0.23*	0.14	1.67	0.10	0.64**	0.12	5.16	0.00
对工作满意程度 y_1	—	—	—	—	0.09	0.08	1.08	0.29
村民认可程度 y_2	0.20	0.13	1.47	0.15	—	—	—	—
拟合优度 R^2		0.32					0.48	
调整后 R^2		0.22					0.40	
样本数		54					54	
F 值		3.07**					6.06***	

注：表中标有 ***、** 和 * 分别表示该回归系数在 1%、5%和 10%统计水平上显著。

在有关村民对于“大学生村官”的认可程度回归分析中，与村民沟通程度、领导重视程度对于“大学生村官”受到村民的认可的影响显著。在其他条件不变的情况下，对待遇满意度越高，与村民沟通程度越深入、领导越重视、对工作越满意，村民对于“大学生村官”的认可程度越高。说明当地领导越重视，“村官”接触实际工作的机会越多，与村民沟通就越深入，当然得到村民的认可程度也越高。另外，结果显示，女性受到的村民认可程度比男性高，本科生受到的认可程度比研究生高。

当然，由于样本容量的问题，性别、学历、原来户口、村民认可程度对于“大学生村官”的工作满意程度影响不显著，性别、学历、原来户口、待遇满意程度、对工作满意程度对于“大学生村官”得到村民认可程度的影响不显著。我们期望能有更多的机会来获得更有代表性的数据从而进行更深入的研究。

5.2.3.4　对于“大学生村官”及其制度的评价的调查结果与分析

5.2.3.4.1　“大学生村官”的作用分析

5.2.3.4.1.1　“大学生村官”对于其本人的作用分析　正如以上分析大学生选择“村官”职业的原因中所阐述的，“大学生村官”觉得通过在基层担任“村官”职务，最大的收获在于使自己获得了很好的基层工作经验，另外，也使他们更加了解了农村，社会交际能力有所提高，也积累了一定的人脉关系（图 5.10）。

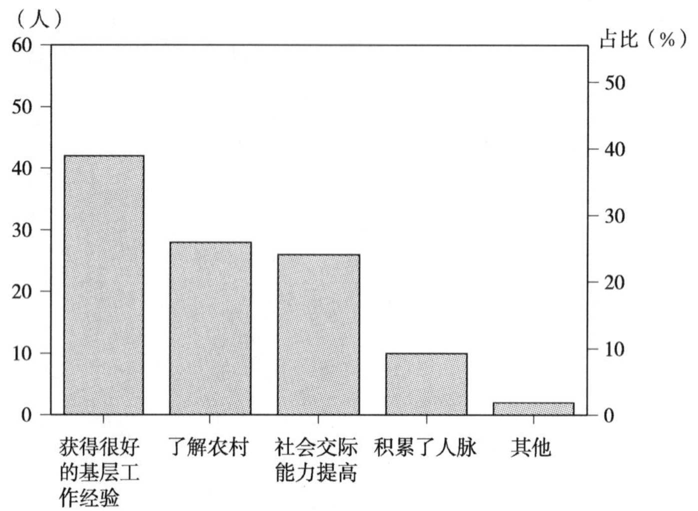

图 5.10 大学生担任“村官”最大的收获

5.2.3.4.1.2 “大学生村官”对于新农村建设的作用分析

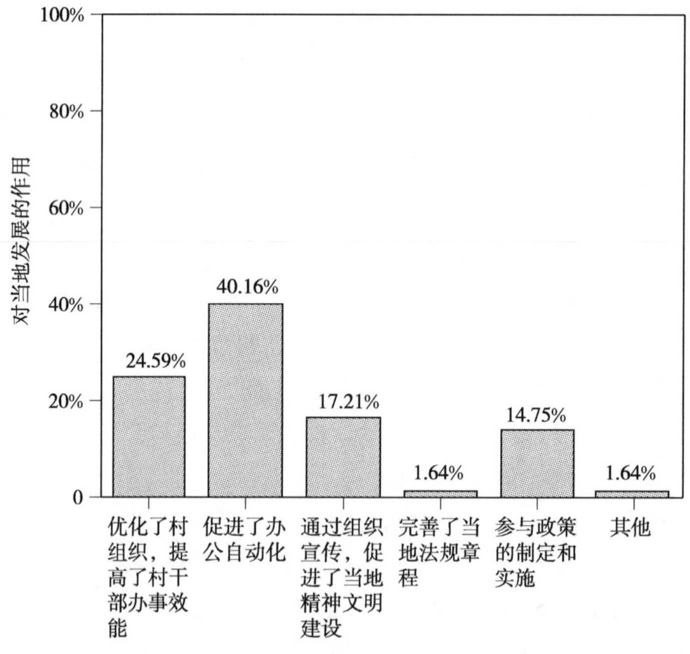

图 5.11 “大学生村官”对于新农村建设的作用

通过实地调查了解到，如图 5.11 所示，“大学生村官”对于农村的发展起到的作用主要是促进了办公的自动化，这与上面的分析情况一致，即“大学生村官”认为自己的计算机知识在现在的工作中起到了最大的帮助作用。其次，“大学生村官”这一新兴群体的加入，使原本知识水平等都不高的农村自治团体获得了新的活力，促进了村组织的优化，提高了干部的办事效率。由此可见，“大学生村官”的推进，确实起到了优化基层组织，提高行政能力的作用。另外，“大学生村官”对于农村精神文明建设、农村的政策制定和实施等都起到了一定的积极作用。

5.2.3.4.2　存在的问题

5.2.3.4.2.1　“大学生村官”工作中存在的困难分析　通过调查了解到，当前对于“大学生村官”来说，工作中遇到的困难主要有能力和经验不足、对当地情况缺乏了解、专业不对口、当地领导不够重视以及不适应当地的工作环境。其中，最大的困难表现为“大学生村官”普遍的基层经验不足，这也是由于大学生长期处于学校环境中，缺少与社会尤其是农村社会的接触而导致的普遍性问题。另外，也可以看到，对于当地情况的不了解也是阻碍“大学生村官”有效工作的重要障碍之一（图 5.12，图 5.13）。

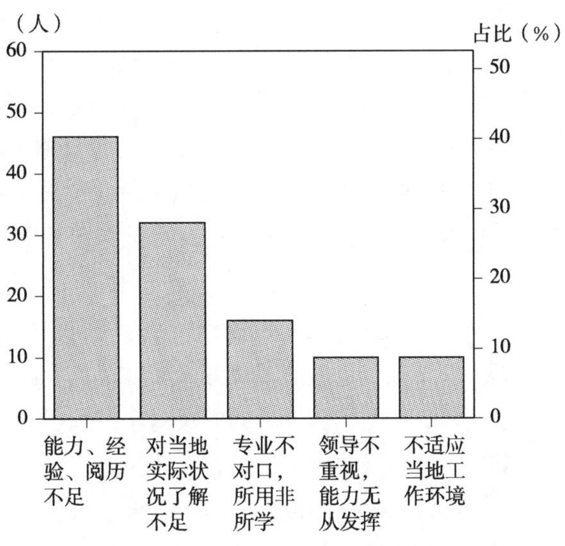

图 5.12　“大学生村官”工作中遇到的困难

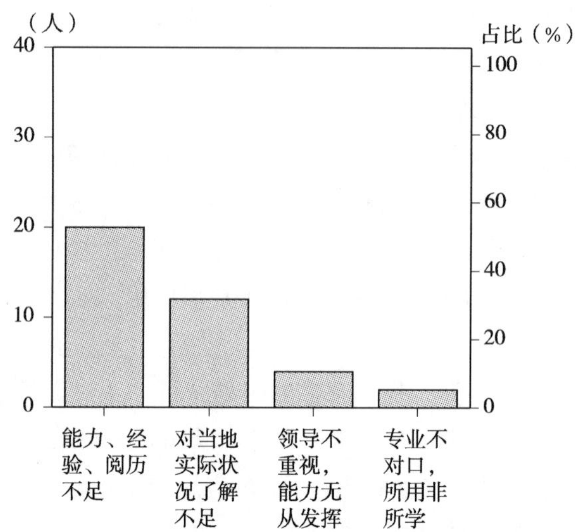

图 5.13 “大学生村官”工作中遇到的最大困难

5.2.3.4.2.2 “大学生村官”制度存在的问题分析 由于“大学生村官”制度推行不久，在各方面还都存在着一些不完善的地方，如图 5.14 所示。通过了解，现在“大学生村官”制度存在的最大问题，绝大部分“村官”觉得主要是“大学生村官”没有任何实权，当地领导对“大学生村官”的重视程度远远不够。实地访谈中，了解到“大学生村官”在当地主要从事的是文书工作，没有很多的实际工作，一般都相当于“文秘”，有些地方甚至把“大学生村官”“高高挂起”，根本不给任何工作让他们处理，因此，这就给“大学生村官”对于农村发展的作用受到了极大的限制。当然，有些农村在这方面做得还是非常不错的，“大学生村官”真正可以在当地发挥他们的作用，但是这只是属于少数情况。

另外，对于“大学生村官”，还缺乏必要的工作上的培训和指导，使得“大学生村官”对于当地情况不能尽快把握，也不能很快融入到实际的工作中去。对“大学生村官”制度的宣传力度还不够，使得相当部分的农民对于“大学生村官”基本没有了解。实地调研中发现，其实村民对于“大学生村官”还是抱了很高的期望的，但是由于对于这些政策不了解，“村官”跟他们接触也不是很多，因此，也在一定程度上造成了“大学生村官”跟村民之间的“脱钩”，这与上面分析的他们缺少实际工作权利也关系极大。

在“大学生村官”的考核机制方面也存在着不完善之处。目前，国家对“大学生

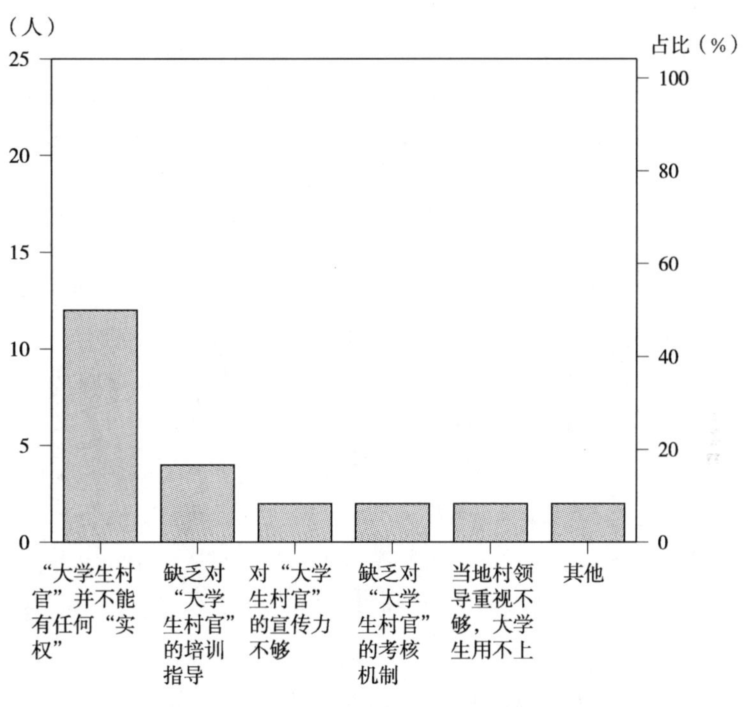

图 5.14　“大学生村官”制度存在的问题

村官”的界定较笼统，使得社会对这一群体的定位也不明确，因此乡镇各级政府在落实国家政策时，也没有具体明确的管理办法和考核激励薪酬体系，“大学生村官”普遍积极性不高。

还有，部分“村官”认为“大学生村官”制度长远性不够，“村官”在基层锻炼三年后没有明确实在的政策，保障机制也不完善，优惠政策中“优先”的字眼比较泛泛，所有“村官”对自己的未来没有把握，不能完全静下心来工作。

5.2.4　结论

通过我们的调查及数据统计分析，我们发现影响大学生选择“村官”的因素主要有：日益严重的大学生就业压力对大学生选择到农村及边远地区就业产生的“推力”；同时，农村对高学历人才的需求及政府给“大学生村官”提供的各种优惠政策待遇，对大学生选择“村官”产生了巨大的“拉力”。北京地区大学生选择“村官”时考虑最

多的因素是想解决北京户口问题，为以后在北京更方便地择业打下基础。同时“大学生村官”未来的打算集中在考公务员方面，这反映出大学生选择“村官”最主要的影响因素在于国家为“大学生村官”提供的各种优惠待遇，真正想留在农村、奉献农村的大学生占的比重很小，选择“村官”只是大学生留在城市、“曲线进城”的一种权宜之策，可以看出，大学生选择“村官”只是一种短期行为。

大学生选择“村官”对于自身而言，主要的收获在于获得了难得的基层锻炼机会，加深了对农村的了解，提高了社交能力，这些虽不比在城市就业获得高薪实惠，但是对于“大学生村官”的长远发展是难得的财富。

“大学生村官”在促进新农村建设方面发挥了积极的作用，他们的加入促进了农村办公的自动化，提高了农村领导组织的整体水平，提高了农村行政效率，优化了农村文明环境。但同时我们从调查中发现“大学生村官”职务不明确，工作内容仅限于文秘方面，同时缺乏当地村领导的重视，“大学生村官”很难有机会参与到当地的经济、政治管理事务。这些问题一方面限制了“大学生村官”作用的发挥，另一方面与大学生选择“村官”时想在农村有所成就的愿望形成极大的反差，一定程度上挫伤了“大学生村官”的积极性。

“大学生村官”政策的实施实现了农村与大学生的“双赢”，但是目前这项政策并不完善，存在许多不足，集中表现在缺乏对“大学生村官”的培训与考核，对“大学生村官”的职责缺乏明确的说明等方面，这些都直接影响到“大学生村官”政策的实施效果。

5.2.5 政策建议

近年来，随着高校的不断扩招和就业市场的持续吃紧，一方面，大学毕业生的就业问题成为一个广受关注的焦点，如何安排好大学生的就业问题，使这部分人才资源得到合理的分配和利用，需要政府和社会各界的共同努力，同时也需要大学生自身思维和就业心态的相应转变。另一方面，中国广大的农村地区人才稀缺，随着新农村建设的推进，人力资本稀缺问题显得尤为突出，因此国家推出“大学生村官”制度，并配以优厚的政策优惠，以期解决农村发展的瓶颈问题，给农村的发展和建设带来新的活力，但是，在现实的实施过程中，这一政策的应有作用并没有得到预期的效果。为了更好地推动“大学生村官”政策的实施，让更多的大学生加入到为“三农”服务的

“村官”行列，针对调研过程中发现的一些现存的严重问题，可以从以下几个方面着手解决。

5.2.5.1　政府及高等院校要加强对大学毕业生的就业指导　目前大学生在择业时仍然把目光集中在东部沿海城市，“扎堆”现象严重。从我们的调查中可以发现，造成这种现象的原因之一就在于大学生缺乏对于农村的了解，54 份调查样本中对农村极为了解的只有 10 人，另有 2 人对农村没有任何接触。这直接导致了大学生择业心理的扭曲。大学生本身要主动地了解农村，调整就业心态，同时，政府及学校要为大学生提供农村就业信息，为大学生选择农村、服务农村创造条件。

5.2.5.2　要继续完善和“大学生村官”制度有关的法律法规，留住“大学生村官”　现行的“大学生村官”制度中，有关“大学生村官”的法律法规极少。要发挥“大学生村官”对于新农村建设的积极作用，就要继续完善相关的法律法规，保障“大学生村官”制度的顺利实施和有效执行。同时也要根据实际情况的变化，相应适当地调整对于“大学生村官”的政策安排，争取使其在服务期满后能留下来继续为农村的发展作出贡献。

5.2.5.3　给“大学生村官”以实权，同时要加大对“大学生村官”制度的宣传力度　在如何对待和使用“大学生村官”方面，调查中发现“大学生村官”实际工作中很大的一个问题是缺乏领导重视，有的领导甚至把派来的大学生“高高挂起”。针对这种情况，我们建议赋予“大学生村官”实权，让其有权参与当地的行政、经济事务，把大学生真正的摆在“官”的位置，可以获得与当地的村领导相当的治理权，充分合理地利用好这一人才优势，发挥其对于农村建设应有的积极作用。

同时，要加大对于“大学生村官”制度的宣传。虽然国家在政策优惠等方面给予了一定的投入和支持，但是，“大学生村官”制度的普及面还很不够。调研中发现，大部分村民对于“大学生村官”几乎一无所知。由此可见，对于“大学生村官”这一制度的普及力度还很欠缺，需要进一步加大力度宣传推广这一政策。

5.2.5.4　要加大对于“大学生村官”的培训工作　调查显示，“大学生村官”面临的最大困难是缺乏基层工作的经验。由于有相当一部分“大学生村官”来自城市，对于农村的情况缺乏了解，以及“大学生村官”缺少对于其工作所在村庄的了解，导致其很难进行实际工作，适应时间也被相应“拉长”，因此，针对这种问题，我们建议在大学生走向正式工作之前，政府要提前对“大学生村官”进行工作培训，让大学生熟

悉农村工作的环境以及工作的内容，并使其更好更快地适应农村的工作和生活，对新农村建设发挥更大的作用。

5.2.5.5 要加大对于“大学生村官”工作状况的考核，完善“大学生村官”的职位说明 调查结果显示，“大学生村官”实际的工作内容十分混乱，没有明确的工作目标，也缺乏衡量其绩效的标准。针对这种情况，为了更好地促进“大学生村官”发挥应有的作用，要为每一位“大学生村官”制定详细的职位说明书，设立绩效衡量的指标及其标准，对“大学生村官”的工作进行考核评审，并实现绩效与工资待遇的挂钩，监督、激励“大学生村官”的工作，使其真正投身到新农村建设中去。

第 6 章　专题研究：社会主义新农村建设中的"新型农民"创业教育研究

6.1　回乡创业中的新型农民引进及教育机制构建研究

"智力外流"（Brain Drain）理论自 1950 年起在国际上提出并受到广泛重视，其主要是针对"二战"后，大量国外学者、专家移民美国的现象而提出的。Jagdish Bagwati 总结了智力外流的模式：高教育水平的人才从发展中国家移民至发达国家。他认为这对劳动力输出的发展中国家是相当有害的，因为国家将稀有的资源用于教育他们，而他们则在成为有用劳动力时却去国外工作。发展中国家失去了那些高人力资本。然而，这些移民回国将发展的机会带回，也促进了发展中国家与发达国家之间商业与技术的联系。这一过程，则更应被看成是"智力循环"（Saxenian，2005），即经济全球化的背景下，人才流动无论是对劳动力输出国还是对输入国，都是有益的。劳动力流动现象正在从"智力流失"向"智力循环"时代转变。

优秀农民回乡创业正是实现农村"智力外流"向"智力循环"转变的有效途径。农民工在城市打工，开阔了视野，具备了一定的技能，了解了一定的市场信息，是农村里的精英。而农村大学生也是未来建设农村的领导力量。吸引其回乡创业对衔接城乡间断裂的人才链起着关键作用。本书关注我国农村回乡创业实践问题，以促进"智力外流"向"智力循环"转变。

6.1.1　实现"智力循环"的重要性

国外研究表明，经济学意义上，"智力循环"实现了劳动力供求双方的共赢。Saxenian 通过对美国硅谷、中国台湾、印度等在 IT 产业中的研究，得出中国台湾、印度的留学人员回国创业或从事跨国企业活动，对经济发展作出积极的贡献。特别指出，留学人员回国创业对劳动力外流国有着积极的正外部性，主要包括通过潜在的生产力提高、企业的创造来带动就业、科研水平、国外直接投资，而这些因素引领着本国的创新（Saxenian，2005）。基于留洋人员对国家财富的创造有着重大贡献，我国从改革开放以来，一直积极鼓励留学人才回国。特别是近年来，有关部门相继出台了《关于

鼓励海外高层次留学人才回国工作的意见》《关于鼓励海外留学人员以多种形式为国服务的若干意见》等近 40 个文件，不断完善留学人员回国工作政策体系。全国上下形成了吸引留学人才回国创业的良好氛围，以实现“智力循环”。

然而，“智力循环”不仅适用于改变发展中国家与发达国家之间人力资本转移失衡的现状，同样也适用于我国这样城乡二元体制下的国家，对解决农村智力外流问题，具有更加深远的意义。

有关数据显示，我国现在累计有 2.5 亿农村劳动力外出务工。2.5 亿的农民工群体是个巨大的人才宝库。全国农民流动人口受教育水平抽样调查结果显示，农村流动人口的教育水平明显高于我国农民的总体水平，同时在城市中务工的磨炼，也让他们学到了新的知识、新的技术等。与此同时，农村大学毕业生作为农村培养出来的优秀人才，是农村建设急需引进的重点人才。但是，教育的“抽水机”作用仍然在源源不断地将农村优秀人才输送至城市，农村青年通过考学“跳出农门”便不愿再回去。2000 年中央部委所属高校毕业生流动情况统计数据显示：全国农村生源的大学生总流失率高达 28.3%，西部地区只有少数学生回西部，内蒙古流失率最高，超过 60%。农村“智力外流”情况不容乐观。

让农民工和农村大学生作为回乡创业的主体，带着与发达地区和城市的复杂联系及信息回乡创业，不仅可以弥补本地经济建设所短缺的人力资本，更重要的是，其创业行为隐藏着巨大的潜在力量，能为农村剩余劳动力提供更多的就业岗位和就业空间，为当地经济社会的发展带去新的契机，会成为推动当地新农村建设的支撑点。同时回乡创业也利于缓解城市就业压力、减轻农业土地压力等。

我国农民工和大学生回乡创业尚在起步阶段，虽然在实践中摸索出一些有效的模式，但仍存在着不少问题。以下通过对不同地区回乡创业模式的总结，概括了我国在吸引农民工和大学生创业中存在的一些问题，并提出了相应的对策建议。

6.1.2 不同地区回乡创业模式总结

我国农民工回乡创业开始于 20 世纪 90 年代，在 10 多年的发展中，各地政府积极探索，在实践中发展出各具特色的回乡创业模式，有效引导农村智力回流，实现“智力循环”。

6.1.2.1 河南省“引凤还巢”工程 河南省是人口大省，也是劳动力输出大省。为了吸引在全国各地的本省农民工回乡创业，河南省下足了功夫。主要围绕“引凤还巢”工程，建立一系列激励机制，并从三大方面鼓励支持农民工回乡创业。

在资金上，推出贷款贴息制度：对符合农业产业化贴息条件和扶贫贷款贴息条件的，优先给予贴息。同时推进农村信用工程建设，拓宽了小额信贷和联保贷款的覆盖面，放宽了农户小额担保贷款的条件，还由财政按规定在扶持期进行贴息，并享受与外地客商相同的优惠政策。在登记注册后给予 3 年扶持期，期内实行税费优惠。

在服务上，提供免费创业培训，简化审批程序。创业培训主要是依托现有机构成立回乡创业农民工指导服务中心，免费为创业农民工提供项目信息、开业指导、小额贷款、政策咨询等服务，提高其创业能力和经营管理水平。组织有资金、懂技术、会管理、立志回乡创业的优秀农民工到省内外重点企业、龙头企业、大型企业学习锻炼，帮助其拓展创业思路。并将农民工回乡创办企业所招用的农村劳动力纳入“阳光工程”、“雨露计划”和“农村劳动力技能就业计划”的组织实施范围，并按有关规定给予相应的职业培训补贴和职业技能鉴定补贴。在审批程序上，则开通了“绿色通道”，简化许可、审批和办证手续，推行了联合审批、一站式服务、限时办结和承诺服务等制度，提高了办事效率。

在创业环境上，除了创办创业园区，还妥善规划创业用地，解决农民工创业的场地问题。而在社会舆论环境方面，则加大了宣传引导，充分利用网络、报刊、广播、电视等新闻媒体进行创业精神的宣扬，广泛宣传鼓励支持回乡创业的政策规定，并将创业的好典型、好经验介绍给全社会，使农民工回乡创业成为社会认可、政治荣誉性强的活动。

然而这些措施也仍然存在“盲点”，像河南省林州市原康镇 90%的农民工回乡从事畜牧养殖业，养殖业成为当地第一大产业，但是猪、鸡等的防疫却没有跟上，2006 年受禽流感和“高热病”影响，全镇的畜牧业受到很大冲击。生猪死亡 4 万余头（接近三成），直接经济损失达 5 000 万元，严重挫伤了广大养殖户的积极性，出现了新上养殖户害怕疫情不敢新建养殖场、空了圈舍的害怕疫情不愿进小猪、空栏的养殖场害怕疫情不补栏的三种情况。有些农民工不得不放弃养殖业再次到外地打工。这个问题在于政府只注重了创业初期服务，但是创业中，相关的服务特别是技术支持等跟不上。农民工回乡创业从事农业相关产业的比率较高，政府在扶持过程中应充分考虑到这个现实。

6.1.2.2　湖南省变“打工经济”为“创业经济”　作为东南沿海经济发达带产业向内陆地区转移的第一站，也是一个劳务输出较早、劳务输出规模较大又兼有沿海产业转

移地域优势的省份，近年来，湖南省充分抓住沿海经济发达地区劳动密集型产业向内地转移的机会，并抓紧国家实施中部崛起战略落实科学发展观的大好时机，出台了一系列引导和扶助农民工返乡创业的优惠政策，吸引了一大批外出务工经商人员回到自己家乡创办经济实体。

该省将一般性的组织农民外出务工转变为“超前决策”，即先定创业思路与创业项目，然后根据创业需要，有针对性地组织引导农民到有专业特色的地方打工，再由政府创建农民工返乡创业园区、“创业一条街”等基地，引导其走规模发展、聚集发展和集约化发展之路，从而实现由“打工经济”向“创业经济”转变。

在软实力方面，则主要通过四个方面来执行。一是在解决信贷融资问题上，主要由地方政府负责信贷担保，为农民工提供融资渠道。如郴州市政府成立了市中小企业信用担保公司，由政府投入资金 500 万元，同时融入企业资金数千万元。二是成为行业协会。协会在引导当地主导产业做大做强方面起到了积极的作用。在加强产业链中上游生产供应商和下游销售厂商之间的联系，加强与经济发达地区保持市场信息交流等方面，协会充分利用其与政府、与市场谈判影响作用，来助农民工有效进行对接。三是城乡一体化管理。取消了对农村户口入居城镇的政策性限制。对经常居住在城镇或主要在城镇务工经商的农村人员，在购买住房和转城镇户口方面已经没有什么实质性的政策限制。同时引导建立民办学校吸引学生、公立中小学校接收城乡孩子就学一视同仁的政策环境，不对农村或外来学生收取任何附加费用。四是开展亲情服务。在外出人员集中的城市设立劳务人员办事处，实行跟踪服务，切实维护务工人员的合法权益。每年召开招商引资洽谈会和亲情恳谈会，向外出务工人员介绍家乡的发展变化，发布回乡创业投资项目、投资重点、优惠政策等信息，大打“亲情牌”、“创业牌”。

从实施情况看，目前存在的问题主要在于回乡创业企业招工困难。据报道，原在广东东莞某针织厂务工的刘斌，深得老板的器重和信任。2004 年 12 月，刘斌带着老板的项目、资金回乡在草林镇创办了众鑫针织厂，为老板生产针织半成品。此后，老板多次要求其扩大规模，并将半成品后续生产线内迁遂川。但刘斌多次招工，只招到了将近 100 人，无奈之下，只好到湖南桂东设立了 2 个分厂，招工 170 多人，招工难影响了回乡创业的做大。又如：原外出务工人员郭杰、张小裕，分别在工业园区创办了恒辉鞋业公司、奇新玩具制衣厂，由于招工难上规模，被迫将企业迁至田圩镇①。

---

① http：//www. suichuan. gov. cn/database/news _ view. asp？ newsid=1095.

而且这些人素质大多不能达到招工单位要求。政府虽然吸引了人才回去创业，但在劳动力配套等方面还没有相应“动作”。

6.1.2.3　浙江农民自主创业模式　不同于中西部地区，浙江省经济发达，在改革开放的近 30 年实践中，创造了中国版图上的经济奇迹。而且浙江素来有经商创业之历史，社会的创业氛围浓厚。2007 年该省政府更是提出“创业富民”战略，全省上下积极行动，立足全民创业。而农民已成为创业人群的主力军。据浙江省中小企业局所做的调查，该省 78.2%的中小企业是由农民自主创办的。其中以经商回归和打工转型两种创业模式为主，分别占到全省农民自主创业者的 25.2%和 20.3%①。

为鼓励和推动农民自主创业，2006 年 8 月，浙江省政府出台了《关于全面推进城乡统筹就业的指导意见》，从职业技能培训体系、各种社会保障制度等多个方面对农民创业提供支持。同时随着“创业富民、创新强省”战略口号的提出，该省积极创新体制方法，出台多项政策措施促进创业创新。2007 年 7 月，以新《合伙企业法》和《农民专业合作社法》实施为契机，浙江省出台了创业富民 20 条新举措。其中，鼓励金融资本与技术资本优势互补，共享共赢，投资设立有限合伙企业，推动风险投资和科研开发等行业的发展，尤其引人注意。有限合伙制类型公司鼓励富人作为有限合伙人、能人作为普通合伙人共同投资设立合伙企业，为富人和能人创造一个共舞的平台。有一技之长的农民在创业中，可以不受资金短缺之困。而又可以为拥有资金但不愿承担无限责任的人提供投资渠道。同时还出台了《浙江省重大科技专项计划管理（试行）办法》，对企业失败科技项目实行风险补偿。企业科研项目若失败，最多可获得补偿 30%的研发投入。以此来鼓励创业科技创新。

而在加大农民自主创业政策扶持力度上，专门出台扶持农民自主创业的实施意见，并适当放宽了农民办企业的市场准入，减免有关税费，降低收费标准。还建立专项扶持基金，对农民自主创业给予设备补贴、贷款贴息等，同时建立小额贷款担保机制，缓解农民创业初期的资金困难。规划建设农民创业园，为农民进城（镇）创业提供便利和保障。鼓励和支持先富起来的创业农民回村担任农村基层干部，带领广大农民自主创业。

6.1.3　吸引农民工回乡创业中存在的问题

6.1.3.1　国家层面针对农民工回乡创业的推力不足　虽然农民工返乡创业正受到全

---

① 高剑明，等 . 2007. 农民已成为浙江创业人群的主力军 . 今日浙江，14.

社会的广泛关注，各级政府也采取多种措施，吸引和促进农民工返乡创业作为发展农村经济、提高农民收入的重要举措，但是这种改善仍处在起步阶段。而且在国家层面上，目前还没有相关的政策措施出台，全社会还没有形成农民工竞相创业的气候。这对吸引农民工回乡创业来说，是缺乏了最大的推力。黄中伟（2004）在对浙江农民创业的考察中，认为政府和市场是浙江农民创业成功的关键因素。而现阶段，政府与市场所提供的同回乡创业农民工的需求还存在着很大的差距，从整体上说，农民工回乡创业还尚在起步阶段，宏观环境方面尚未形成一种大的驱动力来推动农民工回乡创业，形成“智力循环”。

6.1.3.2 地方政策存在“扶大忽小”，政策落实不到位 回乡创业初期主要以小型或微小型企业为主，而地方政府往往只重视对大中型企业的扶持，许多地方的政策存在忽视小型、微小型创业者和创业项目的倾向。这就使得农民工、大学生创立的企业最终无法享受到优惠政策。

创业是个复杂的过程，会同时涉及工商、税务、城建、农业、公安等多个部门，尽管目前各部门都有开展一些扶持工作，但尚未形成一股合力，相应的制度建设、配套服务严重滞后。有创业农民工反映，像工商、税务、环保等部门各自为政，手续办理复杂，而这是目前影响农民工回乡创业的重要的外部因素。政府对待回乡创业的一些优惠政策不能落到实处，使农民工在考虑是否回乡创业过程中有所顾虑。

6.1.3.3 创业培训体系尚未成型 农民工的受教育水平普遍不高，在全国农民流动人口受教育水平抽样调查中，只有20.26%的农村流动人口具有初中以上学历。各地在回乡创业实践中也注意到了这个问题，积极开展“阳光工程”、“雨露工程”等对农民工进行培训。但是这些培训却只注重操作技能和地域特色，比如江西省农业厅实施的“阳光工程”教育出了资溪面包工、武宁装修工、余江眼镜工、高安汽车工等特色化的技能人才①，在一定程度上有助于农民工创业。但是创业培训还应该有对创业能力进行专门训练的教育培训。这一方面的教育培训在我国是相当稀缺的。即使已初步建立创业指导中心的省市，也偏向于完善项目开发、小额贷款、跟踪扶持等服务工作机制。从创业培训的实际看，创业培训的主体还是城市下岗职工和毕业未就业的大学生，农民工因为没有资格，不能或很少机会接受到免费的创业培训，农民工获得创业

---

① 陈文华，刘毅．破除农民工回乡创业障碍的政策建议——来自江西的调研报告．

培训的渠道并不畅通。

6.1.3.4　创业后的孵化机制薄弱　据有些回乡创业者反映，政府在对农民工回乡创业的过程中缺乏帮扶力度，往往只是在创业前邀请、引进，而在创业过程中及创业后缺少关注和支持，使得回乡创业人员的创业受到制约，没有发展后劲。形成“智力循环”并不能止步于将人才引进这一阶段，更重要的是如何引导扶持其成为新农村建设的主力军，为农村经济的发展做出贡献。而政府部门引进农民工回乡后，对其创业缺乏相应的保护和激励机制，企业进行“孵化”的过程是缺失必要的指导和帮助的。

6.1.4　结论：打造软硬件环境，吸引人才回乡创业

6.1.4.1　国家营造有利于形成智力循环的良好环境　吸引农民工回流的一个前提条件就是，积极地营造良好的环境，包括软硬两种环境。硬件环境上包括农村公共基础设施方面的完善，像道路、网络通信、水利设施等相关的有形环境；而软环境则是指服务、政策、法律等无形的环境。只有软硬环境全面的提高，才能吸引智力回流，形成城乡之间人力良性循环。

首先在硬件环境上，要加强农村公共基础设施建设。国家和地方财政应积极投资农村基础设施，确保农村特别是落后农村有必要的资金进行基础建设。国家应重点扶持欠发达地区，财政政策应多向贫困但有发展潜力的地区倾斜。

其次在软环境上，要形成全社会重视农民工回乡创业的氛围。将农民工回乡创业提到政治高度，国家应尽快出台鼓励优秀农民工因地制宜回乡创业的政策。通过网络、电视、报刊等媒体进行大量的宣传报道，让更多的人来认识、了解回乡创业，让更多的人尊重农民工，让全社会对农民工回乡创业形成一种认可与支持的态度。

6.1.4.2　地方政府积极扮好服务者与指导员的角色　地方政府特别是农村基础组织要努力强化服务意识，积极指导回乡人员创业。在回乡创业人员的项目审批上应该真正实行“绿色通道”。在打破原有部门分割的基础上，形成相关部门的一股合力，简化审批过程中不必要的程序，做好优质服务提供者，以改变农民工心中对政府部门服务不佳的固有印象。

“引凤归巢”，政府部门只有构建好温暖自由的“巢”，做好引导、引进、接受、安

置等各方面工作，全面、主动、积极地做好创业企业的“孵化器”，才能引得“凤”归，并将“巢”越建越好。在孵育企业的实践中，可以借鉴留学生创业园区的做法。我国像北京中关村、上海浦东新区等创业园区创办了孵化基地，已取得了不错的效果。孵化基地可以针对农民工创业的特点，为创业农民工提供针对农业方面的创业环境和各项优惠政策的咨询指导，同时在创业过程中对创业企业进行人性化的创业辅导，激发农民工为实现目标不懈努力奋斗的创业激情，鼓励其以百折不挠的精神去面对创业的艰难，做支持创业农民工的坚强后盾和指导员。

6.1.4.3 加快农民工创业培训体系的建设与完善 除了资金以外，影响农民工创业成败的个人因素还包括创业意识、创业的知识和创业的基本技能、对市场信息把握能力、对企业的管理能力、创新能力等。而这些因素都与农民工所受教育及培训有着密切的关系。所以要通过加强教育培训，来提高农民工技能水平。同时，应该注意的是，目前，我国的职业教育培训特别是对农民工的培训是相当缺乏的，即使已经开展的培训活动，也是重在培养农民工技能，从而成为城市所需的产业工人。这在一定程度上是在将农村人才往外“推”。所以我们也应该发展一种具有“拉力效应”的创业培训体系。这种创业培训体系应该覆盖农民工、大学生和城市居民，通过跨越城乡的创业培训体系，使多数创业者能得到必需的创业培训和指导。尤其是让农民工、大学生在创业之前、创业过程中都得到适合的创业培训和指导。

具体可以分为几类不同的培训。比如，对有朦胧创业意识的劳动者可以进行创业前的系统教育，帮助其认清现状，进行知识储备，使其先具备创业的基本条件；对已有意进行创业并具备创业基本条件的农村劳动者开展创业培训，则要具体到操作层面上的培训；而对已经成功创业的企业主进行改善企业、扩大经营规模等方面的培训，积极帮助落实各项创业扶持政策，促进更多的农村劳动力实现转移就业，充分发挥创业带动就业的倍增效应。

6.1.4.4 建立孵化基地，扶持企业 基于各地目前对农民工创立的企业尚未进行有效“孵化”的状况，建议可以参照留学归国人员创业的方法，积极建立孵化基地，帮助农民工度过创业初期的各种难关。在农民工创业过程中，提供咨询，详细介绍创业环境和各项优惠政策。同时对农民工创办的企业开展人性化的创业辅导，通过各种方式来激发农民工为实现目标不懈努力奋斗的创业激情，鼓励他们以百折不挠的精神面对创业的艰难，营造“鼓励创业”的创业氛围，为其提供精神支持。孵化基地还应该为企业尽可能地联系可用资源，更好地扶持农民工创办的企业。

6.2　社会主义新农村建设中教育"新型农民"回乡创业的影响因素：一个实证研究

作为农村发展的一个可能的重要手段，农民工回乡创业在新农村建设过程中得到社会各界越来越多的关注。在改革开放以来我国市场化、工业化的进程中，大量农村剩余劳动力进入城市就业。由于各种各样的原因，大部分打工的农民仍将回到他们的家乡。随着时间的推移，农民工返乡将成为越来越突出的现象。可以预见，不久的将来，许多农村居住的大部分成年人口将是返乡的农民工。作为劳动力转移的一个派生现象，农民工回流对我国劳动力输出地的区域发展意义重大。特别是，许多农民工在打工地的工作经历，使他们在物质资本、人力资本和社会资本等方面都有较显著的变化，这将使得他们回到家乡后更可能改变原有职业，即进行创业活动。另一方面，地区间产业转移以及中央政策对农村地区发展的推动将促进农民工的回乡创业活动。

国内外大量文献表明，创业对于地区经济发展有着重要而独特的作用。国外许多学者将农民创业视为发展农村经济的根本途径之一。在建设新农村过程中，农民创业可能成为重要内容。农民工回乡创业作为农民创业中的一个独特现象，它和一般的创业有怎样的区别，它的发生受哪些因素影响，应该怎样来促进它？这些问题的答案对于农村地区的经济发展有着重要意义。

6.2.1　回乡农民工创业中的个人创业选择概念框架及实证分析

6.2.1.1　理性行为理论与计划形为理论下的创业选择框架及假说　从社会心理学视角来看，解释创业选择的理论主要有计划行为理论（theory of planned behavior，以下称 TPB）（Ajzen，1991）和理性行为理论（theory of reasoned action，以下称 TRA）（Lars - Kolvereid ，Espen - Isaksen，2006）。理性行为理论认为，人的行为意向（behavioral intentions）取决于对于行为的态度（比如，对于所做的事情的喜好程度）和主观标准（norm），即认为人们的意志能完全决定他们的行为。态度取决于意识到的显著信念（perceived salient belief）。态度计划行为理论认为，除了行为的态度和主观

标准，个体认知的对行为的控制（perceived behavioral control，PBC）也是直接影响行为意向的（Lars Kolvereid ，Espen Isaksen，2006）。

具体来说，TPB认为，人们不仅根据自己的主观意志去行动，而且考虑行为与环境的作用以及行为的后果。比如说，某个人喜欢过平静安稳的生活（显著信念），因而希望做一个拿工资的白领（态度），而家人也支持他这么做（主观规范），但由于自己学历不够，或者突然发现做个体户也能赚钱，于是去做个体户，这就是由于认知的行为控制影响了行为意向。Krueger 等人批评了用态度来预测创业行为的研究，提倡用 Ajzen 的计划行为理论代替理性行为理论。根据 Krueger 等人（2000）和 Kolvereid 等人的研究（Lars－Kolvereid，Isaksen ，2006），这一框架的表述如图 6.1 所示。

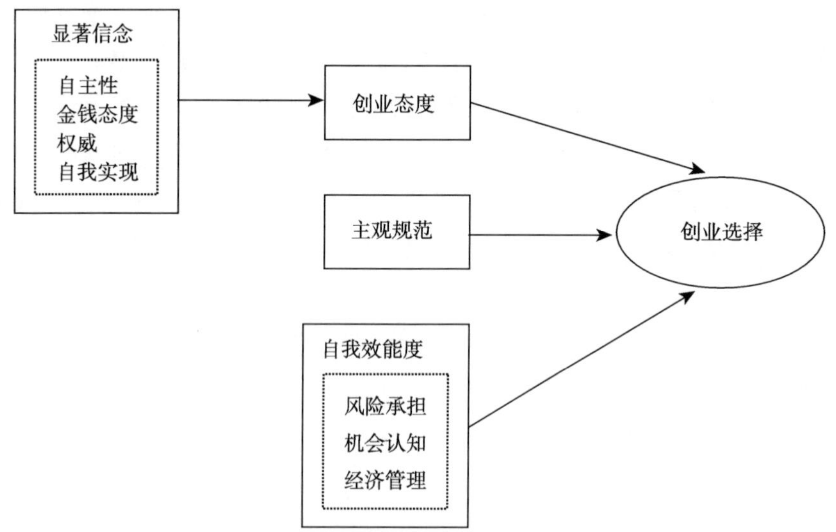

图 6.1　理性行为和计划行为理论下的创业选择概念框架

资料来源：根据 Lars－Kolvereid，Espen-Isaksen（2006），Krueger et al（2000）修改而得。

从经验研究来看，克鲁格等人以 MBA 学生为研究对象，发现自我效能度和创业决心的相关系数比显著信念以及主观规范要高，证实了计划行为理论比理性行为理论更有解释力（Krueger et al，2000）。然而，Lars－Kolvereid，Espen-Isaksen（2006）使用类似的框架对挪威的研究却得出了不同的结论。而且他们用更大更有代表性的样本和更有说服力的检验方法，并且不仅考察了创业决心，还考察了最终的创业选择。

其结论表明，显著信念对于创业决心和创业行为都有较好的解释力，态度和主观规范对创业决心有很强的解释力，不过却对创业行为显示了不显著的负面影响。总体上，该研究支持了理性行为理论，不过也显示了决心可能并非创业行为的良好预测值。并且作者也强调了这可能由于数据来源于创业条件非常好的挪威。还有一点值得强调的是，这一研究主要针对的是自雇型创业，而自雇型创业和非自雇型创业有着显著的区别。

从变量的测度来看，Lars-Kolvereid，Espen-Isaksen（2006）作出了较新的贡献，他们试图用一些更为一般的而不是专业的指标，这可能是由于心理学方面的专业指标并不能很好地针对创业所需的独特的心理特征。具体来看，这篇文章中把显著信念具体化为四个方面：自主性（autonomy），权威（authority），自我实现度（self-realization）和经济机会（economic opportunity）。

根据个体认知对行为的控制（PBC）理论，self-efficiency（自我效能度）决定行为意向从而决定行为。自我效能度可以具体化为四个方面：机会认知；与投资者的关系；风险承担的能力；经济管理的能力。

本研究中，使用自主性、权威、自我实现度、对金钱的态度来代表 TRA 理论所强调的内容，使用机会认知能力、风险承担能力、经济管理能力来代表 PBC 理论所强调的内容。相关变量的描述统计见本章表。

考虑我国的回乡创业，对于曾经外出打工的回乡农民来说，他们面临一个重新就业选择。一般意义上来说，创业态度会影响对于同一个创业机会的评价。不过由于农民回到传统农业的收入很低，因而倾向于非农就业。而在打工者的家乡，如果工资型的就业机会不多，工资往往较低，而且还面临技能缺乏、户籍制度等问题，因而，回乡的农民普遍都会有较强的创业态度。由于创业态度普遍强烈，因而创业态度不会对创业选择产生显著影响。同理，在这样的环境下，主观规范也是普遍倾向于回乡者选择创业的。由此得：

假说一：创业态度、主观规范并不显著影响创业选择。

对于打工的农民来说，尽管外出打工的主要愿望是为了改善物质条件，不过这种愿望在不同的打工者之间可能不同。对于创业态度的差别不如对于金钱、成功、自主的需要和自我实现的渴望的差别那么大，而后者可能使得打工者在打工的时候表现出不同努力程度、职业选择，在打工的过程中更加努力学习技能，最终他们的收入可能会产生很大的变化。由此得：

假说二：显著信念对创业选择有积极的影响。

如假说二所说，即便出去打工时的能力相同，持有不同的显著信念可能通过在打工时候改变创业能力而改变回乡后的创业选择。打工不能完全消除禀赋（人力资本、家庭背景等）的差异，在回乡后，再加上禀赋的不同，影响创业者创业成功的可能性的创业能力即自我效能度将会显著影响创业选择。由此得：

假说三：自我效能度对对创业选择有积极的影响。

从相对重要性来看，由于创业态度的普遍强烈而且在我国农村地区又普遍存在流动性约束等问题，从最后的创业选择时刻来看，代表着创业可能性的自我效能度比起代表着成功意愿、自主性需要等的显著信念（而不仅仅是创业意愿）要对最终创业选择产生更为重要的作用。由此得：

假说四：相对于自我效能度，显著信念对于创业选择的影响更小。

6.2.1.2　调查与数据　本研究的数据和资料主要来源于 2006 年 12 月对安徽省 F 县进行的为期 20 天的调查。调查问卷的设计和调查的总体安排由笔者负责，在该县县政府的支持下和几名“大学生村官”的协助下，完成了这次调查。调查的主要内容是回乡打工者的问卷调查和访谈，也包括和相关政府部门的访谈，同时得到了相关的一些文件和数据。问卷及访谈调查对象分为两大类：回乡创业者和未创业者。进一步，按照创业的规模，将回乡创业者分为规模创业者和自雇型创业者。调查对象的选择的标准是：外出 3 个月以上，并在 3 年内不太可能再次外出打工的回乡者。

对创业选择判定的说明。创业选择的判定根据调查的时点上调查对象的就业状态。由于就业的动态性，这种静态选择方法，会在一定程度上弱化本研究结论，但其影响不会很严重。尽管现在没有创业的人的确有可能在未来的时间创业，小规模创业也有可能变成大规模创业，但就现实来看，能够创业的人在所有打工回流的人中占的比例不大，自雇型创业能够变成规模创业的很少。而且可以在计量模型中通过控制年龄来消除这一影响——在进行单变量检验时，我们可以剔除部分或全部的低龄和高龄（高龄是因为集体化时期没有创业环境）样本。从以往文献来看，也几乎都是采用这一静态的样本选择方式。

样本选择的系统性偏差的说明。限于本研究的条件，样本数量较少，且仅限于一个县。由于本研究局限于一个县，回乡规模创业者在当地并不多，因此，样本信息是通过政府部门以及其他信息渠道得到的。我们采访了几乎所有该县的规模创业者。对于自雇型和未创业者，我们主要采取的是偶遇抽样方式。毋庸讳言，这些都会使样本的代表性有一定问题，这会弱化本研究结论的说服力。我们通过详细的案例访谈试图一定程度上弥补这一缺陷。另外，由于在我国这类研究很少，本研究更多的是探讨性的，得出的结论也有待更大样本、更深入的调查进行验证。

调查总共发放问卷 101 份，其中有效问卷 94 份，有效率为 93%。样本分布为：回乡创业者 49 名（其中规模创业者 19 名），自雇型创业者 30 名，未创业者 45 名。调查中对一定规模创业者中的大部分人做了较为深入的访谈。

主要特征变量的描述如表 6.1 所示。

表 6.1　样本特征描述统计

指　标	总样本（n=94）		规模创业（n=19）		自雇（n=30）		未创业（n=45）	
	均值	标准差	均值	标准差	均值	标准差	均值	标准差
年龄（岁）	30.68	10.20	37.37	5.74	31.83	6.63	27.09	12.01
教育（年）	3.13	1.06	3.58	1.26	3.10	0.88	2.96	1.04
外出年限（年）	4.25	3.76	8.05	4.60	4.18	3.18	2.70	2.40
打工收入（万元）	10.24	31.288 7	42.93	59.72	2.92	2.70	1.09	1.41
离县城距离（里）	36	23.000 97	40.32	16.70	33.20	24.43	36.47	24.44

注：1 里=500 米。

6.2.1.3　实证检验　为了便于进行计量分析，我们首先根据前述理论，将问卷的反向选题的值进行处理，使其预期系数符号均为正。两分的数值为 1、2，三分的数值为 1、2、3，以此类推。对衡量同一变量的不同问题值进行因子分析。

将上述因子分析结果和控制变量［打工年限、教育、打工收入（ln）、性别］对创业选择结果进行二元 logistic 回归。

6.2.1.3.1 变量描述统计（表 6.2）

表 6.2 变量描述统计

			问题简单描述	测度	均值	方差
PBA	自我效能度	自主性	是否喜欢稳定生活？（Q23*）	5 分	2.806 5	1.070 20
		金钱态度	1. 钱的重要性如何？（Q28）	3 分	2.148 9	0.462 75
			2. 为钱是否可犯法？（Q29）	5 分	3.031 9	1.379 20
			3. 相对他人的金钱态度？（Q30）	3 分	1.968 1	0.557 49
		权威、领导欲	1. 威信程度？（Q22）	5 分	3.483 9	0.911 25
			2. 希望成为领导的意愿？（Q24）	5 分	1.840 4	0.722 94
		自我实现	1. 是否从小就想出人头地？（Q25）	3 分	2.191 5	0.722 55
			2. 有否不达目的不罢休精神？（Q26）	5 分	4.074 5	0.858 10
			3. 是否不想比别人差？（Q27）	5 分	4.383 0	0.830 94
		创业态度	1. 打工前想过当老板？（Q17）	2 分	1.766 0	0.425 67
			2. 倾向于打工还是当老板（Q21）	3 分	2.638 3	0.669 63
		主观规范	家人是否支持创业？（Q53&Q69）	5 分		
		管理、交际能力	1. 协调、管理能力如何？（Q37）	5 分	3.446 8	0.784 49
			2. 是否经常盘算收支？（Q40）	5 分	3.978 7	1.097 20
			3. 交际能力如何？（Q41）	5 分	3.266 0	0.818 80
		风险承担	1. 是否比较“胆大”？（Q33）	5 分	3.670 2	0.943 44
			2. 是否比较能闯？（Q34）	5 分	3.638 3	0.959 96
			3. 风险收入权衡？（Q35）	2 分	1.500 0	0.502 68
		机会认知	1. 机会认知意识？（Q38）	5 分	3.925 5	0.792 97
			2. 机会认知能力？（Q39）	5 分	3.510 6	0.729 48
控制变量			外出年限	年	4.252 7	3.755 73
			教育水平	7 分	3.127 7	1.059 86
			总打工收入（log）		9.574 8	2.010 67
			性别		0.478 7	0.502 23

注：* 问卷中的题目编号。

6.2.1.3.2 数据简化（因子分析）

6.2.1.3.2.1 金钱渴望 问题 28、29 和 30 测度了对金钱的渴望程度。由其结果的相关系数表（表 6.3）可以看出，问题 28（您认为钱在生活中的重要性如何?）、29（您是否认为，为了赚钱，只要不犯法，做什么都可以?）的答案显示了较好的相关性，而两者与问题 30（相比其他人来说，您是更看重钱呢，还是更不看重钱?）的相关性都不太好。从其含义来看这是可以理解的，并且前两个问题更能反映金钱的态度，故取问题 28、29 做因子分析（结果见表 6.4），将分析结果用于之后的分析。

表 6.3　金钱渴望各问题值相关系数

	1	2	3
1. 钱的重要性如何？（Q28）	1		
2. 为钱是否可犯法？（Q29）	0.329（**）	1	
3. 相对他人的金钱态度？（Q30）	0.102	0.225（*）	1

** 相关系数在 0.01 水平上显著（双尾检验）。

* 相关系数在 0.05 水平上显著（双尾检验）。

表 6.4　金钱渴望因子分析

因子	方差贡献率	问题（变量）	得分	相关（显著性）	
				28	29
金钱态度	66.47%	28	0.815		
		29	0.815	0.329（**）	

** 相关系数在 0.01 水平上显著（双尾检验）。

6.2.1.3.2.2　权威　问题 22、24 测度了权威、领导欲，其结果显示了较好的相关性（表 6.5），其因子分析的结果用于后文的分析。

表 6.5　权威因子分析

因子	方差贡献率	问题（变量）	得分	相关（显著性）	
				22	24
权威	62.87%	22	0.793		
		24	0.793	0.257（*）	

* 相关系数在 0.05 水平上显著（双尾检验）。

6.2.1.3.2.3　自我实现　问题 25、26 和 27 测度了自我实现，其结果显示了较好的相关性（表 6.6），其做因子分析的结果用于后文的分析。

表 6.6 自我实现因子分析

因子	方差贡献率	问题（变量）	得分	相关（显著性）		
				25	26	27
自我实现	59.28%	25	0.756			
		26	0.819	0.445（**）		
		27	0.731	0.306（**）	0.412（**）	

** 相关系数在 0.01 水平上显著（双尾检验）。

6.2.1.3.2.4 创业态度 问题 17、21 测度了创业态度，其结果显示了较好的相关性（表 6.7），其做因子分析的结果用于后文的分析。

表 6.7 创业态度因子分析

因子	方差贡献率	问题（变量）	得分	相关（显著性）	
				17	21
创业态度	67.10%	17	0.819		
		21	0.819	0.341（**）	

** 相关系数在 0.01 水平上显著（双尾检验）。

6.2.1.3.2.5 管理、交际能力 问题 37、40 和 41 测度了管理交际能力，其结果显示了较好的相关性（表 6.8），其做因子分析的结果用于后文的分析。

表 6.8 管理、交际能力因子分析

因子	方差贡献率	问题（变量）	得分	相关（显著性）		
				37	40	41
管理能力	59.60%	37	0.860			
		40	0.587	0.298（**）		
		41	0.838	0.600（**）	0.246（*）	

** 相关系数在 0.01 水平上显著（双尾检验）。

* 相关系数在 0.05 水平上显著（双尾检验）。

6.2.1.3.2.6 风险承担 问题 33、34 和 35 测度了风险承担能力，其结果显示了较好的相关性（表 6.9），其因子分析的结果用于后文的分析。

表 6.9　风险承担因子分析

因子	方差贡献率	问题（变量）	得分	相关（显著性）		
				33	34	35
风险承担	67.60%	33	0.829			
		34	0.898	0.662（**）		
		35	0.731	0.351（**）	0.513（**）	

** 相关系数在 0.01 水平上显著（双尾检验）。

6.2.1.3.2.7　机会认知　问题 38、39 测度了机会认知能力，其结果显示了较好的相关性（表 6.10），其因子分析的结果用于后文的分析。

表 6.10　金钱渴望因子分析

因子	方差贡献率	问题（变量）	得分	相关（显著性）	
				38	39
机会认知	79.346%	38	0.891		
		39	0.891	0.587（**）	

** 相关系数在 0.01 水平上显著（双尾检验）。

6.2.1.3.2.8　相关分析　创业选择的分类方式：创业选择 A（创业为 1，非创业为 0），创业选择 B（规模创业为 1，其他为 0），创业选择 C（以规模创业为 2，自雇为 1，非创业为 0）。用创业选择和表 6.2 中的解释变量进行相关分析，结果见表 6.11。

从表 6.11 中可以看出，金钱态度、主观规范对以三种方式分类的创业选择不像 TRA 预测的那样有正相关关系，反而有不显著的负相关关系。这一结果是比较容易解释的，对于绝大多数的外出务工的农民，在物质上普遍处于较为缺乏的状态，无论是打工还是回乡（无论创业与否）其主要目的是为了生计，因而在金钱态度上不会有显著差异。之所以呈现一定的负相关关系，可能是由于创业者现有的物质生活水平影响了他们对金钱的评价。这一结果说明了两方面的问题，一方面是金钱态度对回乡创业选择几乎没有影响，另一方面是测量产生的偏差使之显示出负相关的关系。

表 6.11　TRA&TPB 理论检验的变量相关系数

	1	2	3	4	5	6	7	8	9	10	11	12	13	14	15
1 创业 A	1														
2 创业 B		1													
3 创业 C			1												
4 自主性	0.21*	0.22*	0.25*	1											
5 金钱态度	−0.061	−0.04	−0.06	−0.05	1										
6 权威	0.22*	0.39**	0.35**	0.04	0.29**	1									
7 自我实现	0.12	0.35**	0.26*	0.16	0.19	0.53**	1								
8 创业态度	0.34**	0.11	0.27**	0.12	−0.04	0.27**	0.33**	1							
9 主观规范	−0.11	0.08	−0.03	−0.11	−0.11	−0.24*	−0.21*	−0.27**	1						
10 管理能力	0.36**	0.38**	0.43**	0.11	0.17	0.56**	0.48**	0.33**	−0.09	1					
11 风险承担	0.35**	0.45**	0.46**	0.25*	0.24*	0.54**	0.60**	0.39**	−0.14	0.45**	1				
12 机会认知	0.53**	0.64**	0.67**	0.22*	0.21*	0.61**	0.50**	0.28**	−0.14	0.59**	0.70	1			
13 外出年限	0.40**	0.51**	0.52**	0.01	0.00	0.37**	0.14	0.07	−0.11	0.25*	0.23*	0.43**	1		
14 教育水平	0.16	0.22*	0.21*	0.22*	−0.07	0.13	0.29**	0.29**	−0.10	0.20*	0.22*	0.19	0.04	1	
15 打工收入	0.53**	0.63**	0.67**	0.06	0.17	0.39**	0.25*	0.064	−0.04	0.44**	0.35**	0.61**	0.74**	−0.03	1
16 性别	0.24*	0.42**	0.37**	0.21*	0.24*	0.35**	0.34**	0.17	−0.07	0.36**	0.37**	0.45**	0.39**	0.15	0.55**

注：* 相关系数在 0.05 水平上显著（双尾检验）。
** 相关系数在 0.01 水平上显著（双尾检验）。

主观规范，即是指家人对待创业的态度。总体上，由于农民打工的普遍动力在于改善物质生活条件，家人通常是希望打工的人能够赚更多的钱，不过对于创业者特别是规模创业者来说，往往在回乡时有了较为可观的收入，家人可能并不愿意他们去进行创业活动，因为这通常意味着较大的风险。而没创业的人，通常是物质生活水平需要提高的人，家人对于创业（改善物质生活水平的一种方式）的态度通常会倾向于支持。和金钱态度类似，这一结果说明了两方面的问题，一方面是主观规范对回乡创业选择几乎没有影响，另一方面是测量产生的偏差使之显示出负相关的关系。

至此，我们证实了假说一和假说二。

与理论框架中的预测基本一致，其他的变量都显示了较为显著的相关性，我们将进一步通过计量来检验这些变量对创业选择的解释力并比较变量的相对解释力。表示相同类型的变量间也有显著相关性，为解决在计量模型中多重共线性问题，将进一步使用因子分析法提取综合变量。

6.2.1.3.3　logistic 模型　McFadden 提出的多元选择计量模型即 logistic 模型是分析多元选择模型最常用的计量模型。本书使用二元 logistic 模型来检验 TRA 和 TPB 对回乡创业选择的解释力，在这一模型下，回乡者的创业选择可以概括为：

$$p_i = P\ (y=1 \mid X_i)\ = \frac{\exp\ (C+\beta X_i)}{1+\exp\ (C+\beta X_i)}$$

p_i 表示拥有禀赋（向量）X_i 的回乡者 i 创业的可能性，$y=1$ 时表示创业，$y=0$ 时表示未创业，β 为一组待估计的参数向量。

为估计不同因素对创业选择影响的相对大小，需要采用标准化回归系数。根据王济川、郭志刚（2001），logistic 标准化系数可以估计为：

$$\hat{\beta}^* = \frac{\hat{\beta} s_x}{\sqrt{s^2_{\hat{logit}} / R^2}} = \frac{\hat{\beta} s_x R}{s_{\hat{logit}}}$$

其中，β^* 为 logistic 回归的标准化系数，β 是未标准化系数，s_x 为自变量 x 的标准差，$s_{\hat{logit}}$ 为估计的 logit 的标准差，R 为模型确定系数 R^2 的平方根。

6.2.1.3.4　检验结果　关于具体变量的选择，在对相关系数矩阵的讨论中已经指出，金钱态度和主观规范对创业选择影响不大，因而在计量估计时将其省去。根据对变量的讨论，在 SPSS 软件（13.0 版）中应用二元 logistic 回归。计量结果如表 6.12 所示。

表 6.12 理性行为和计划行为理论的检验——二元 logistic 模型结果

	基准模型 (1)			模型 (2)			模型 (3)			模型 (4)			模型 (5)		
	系数	Wald 值	显著性	系数	Wald 值	显著性	系数	Wald 值	显著性	系数	Wald 值	显著性	系数	Wald 值	显著性
1 自主性				0.220	0.390	0.532	0.361	1.423	0.233	0.448	2.787	0.095	0.430	2.212	0.137
2 金钱态度				−0.687	2.668	0.102							(0.146)		
3 权威、领导欲				−0.467	0.882	0.348									
4 自我实现				−0.954	4.007	0.045									
因子_3&4							−1.165	5.410	0.020	−0.067	0.049	0.826			
5 创业态度				0.885	4.463	0.035	0.822	5.272	0.022						
6 主观规范				−0.342	0.842	0.359									
7 管理、交际能力				0.065	0.018	0.894									
8 风险承担				0.314	0.312	0.576									
9 机会认知				1.622	5.268	0.022									
因子_7&8&9							1.419	5.928	0.015				0.780 (0.247)	4.513	0.034
11 外出年限	−0.008	0.005	0.946	0.165	1.093	0.296									
12 教育水平	0.733	6.334	0.012	0.655	2.465	0.116	0.501	1.821	0.177	0.649	4.321	0.038	0.450	2.007	0.157
13 打工收入 (log)	1.147	11.918	0.001	0.905	5.806	0.016	1.007	11.838	0.001	1.156	16.904	0.000	0.988 (0.629)	12.839	0.000
14 性别	−1.072	2.609	0.106	−1.532	2.696	0.101	−1.454	3.172	0.075	−1.230	3.038	0.081	−1.496	4.395	0.036
常数 (Constant)	−12.561	15.237	0.000	−10.238	7.454	0.006	−11.297	11.608	0.001	−13.595	18.321	0.000	−11.109	12.888	0.000
−2 Log likelihood	89.907 (a)			63.689 (b)			70.896 (a)			86.894 (a)			82.108 (a)		
Cox & Snell R2	0.348			0.507			0.468			0.369			0.400		
Nagelkerke R2	0.465			0.676			0.624			0.492			0.534		
HL 检验卡方值 (自由度 8) (显著性)	6.054 (0.641)			3.811 (0.874)			6.932 (0.544)			7.237 (0.511)			6.988 (0.538)		
预测比	74.5%			83.0%			83.0%			79.8%			79.8%		
样本量	94			94			94			94			94		

[a] 参数估计值小于 0.001，迭代次数达 6 时估计终止。

[b] 参数估计值小于 0.001，迭代次数达 7 时估计终止。

总的来说，上述各个模型都显示了较好的估计结果。对比基准模型（1）和全变量模型（2），发现尽管模型的类 R 方和预测比都有所上升，即总体解释力有所上升，然而这是加入了很多变量的结果，而且很多变量不是很显著，并且根据前面对相关系数的讨论，会产生较为严重的多重共线性问题。另外，一般每个参数要求至少 10 个的案例。为了使模型估计结果更为理想，要求进一步提炼、减少变量。为此，进一步剔除部分无关的变量，以及提取综合性的变量。

根据对相关系数的讨论，首先剔除主观规范和金钱态度。另外，打工年限和打工收入有非常高的相关性（相关系数 0.71），我们剔除打工年限。

衡量自我效能度的三个变量也显示了很强的相关关系，并且在理论上属于一个大的范畴。进行因子分析，提取一个综合的衡量自我效能度的变量。因子分析的结果见表 6.13。

表 6.13　自我效能度因子分析

因子	方差贡献率	问题（变量）	得分	相关（显著性）		
				33	34	35
自我效能度	72.064%	管理能力	0.783	1.000		
		机会认知	0.909	0.585**	1.000	
		风险承担	0.850	0.445**	0.704**	1.000

** 相关系数在 0.01 水平上显著（双尾检验）。

衡量显著信念中的两个变量——权威和自我实现也显示很强的相关关系，并且在理论上属于一个大的范畴。进行因子分析，提取一个综合的衡量自我效能度的变量。因子分析的结果见表 6.14。

表 6.14　显著信念（Ⅰ）因子分析

因子	方差贡献率	问题（变量）	得分	相关（显著性）	
				38	39
显著信念（Ⅰ）	76.556%	权威	0.875		
		自我实现	0.875	0.531**	

** 相关系数在 0.01 水平上显著（双尾检验）。

模型（3）出现了与理论和相关系数表矛盾的结果，显著信念（Ⅰ）的效果为负

且显著。这部分是由于显著信念和态度、自我效能度高度相关的结果。模型（4）和模型（5）说明了这一点。模型（4）将态度、自我效能度剔除后，发现显著信念（Ⅰ）变得影响很小而且非常不显著。进一步剔除自主性的变量，结果与模型（4）无异。综合相关系数、计量检验可得，权威和自我实现对创业选择有不太显著的积极影响。在接下来的分析［模型（5)］中，我们剔除变量显著信念（Ⅰ），以自主性变量代替显著信念。由于显著信念理论上应该是自主性和显著信念（Ⅰ）的综合变量，这一替代可能会高估显著信念的作用。

为了判断我们关心的三个变量显著信念（以自主性代替）、自我效能度和打工收入在解释创业选择时的相对重要性，模型（5）中我们根据前述公式，计算了这三个变量的标准化系数［结果在模型（5）系数下的括号内］。结果表明，作为代替显著信念的自主性的标准系数（0.146）仍然小于自我效能度的标准系数（0.247），更小于打工收入的标准化系数（0.629）。这说明在创业选择中按重要性从高到低排序的结果是：打工收入＞自我效能度＞显著信念，证实了假说三和假说四。

6.2.1.4　小结　我们从理性行为理论和计划行为理论框架出发，根据我国回乡创业的特点，提出四个假说：①创业态度、主观规范并不显著影响创业选择；②显著信念会对创业选择有积极的影响；③自我效能度对影响创业选择；④相对于自我效能度，显著信念对于创业选择的影响更小。

通过对安徽省F县94位回乡创业者的问卷调查，我们证实了上述四个假说。这一结果表明：首先，社会心理学视角的研究对于回乡创业有一定的解释意义；其次，在回乡创业中，创业的可能性比起个人心理上的对创业偏好在决定创业选择中占有更重要的作用；最后，在以解决生计为主要目的的打工和回乡（创业）决策中，态度并不是非常重要的，然而，某些包含在显著性信念的心理特征如风险偏好、自主性仍将对回乡创业产生显著的影响。

6.2.2　回乡农民创业与培训中个人创业选择概念框架及实证

回乡创业作为一种独特的创业形式，在理论上，可以使一般的创业框架部分动态化，即可以通过考虑在创业前特质、资源的相互作用以它们对于创业选择的重要影响。

打工前，个人的心理特质和人力资本会受到家庭背景的影响。在打工的时刻，打工者是作为一个一定的心理特质、人力资本拥有者出现的，而这会决定打工者的职业选择，而一定的职业选择决定单位时间的收入，单位时间的收入会影响其打工的年限(如根据一种特定的生命周期模型假定打工的成本随着打工年限的增长而增长)。打工的总收入为打工的年限和打工的单位时间收入的乘积。当然，除了心理特质和人力资本，机会、初始的社会资本等都可能影响打工者的职业选择。

仅从乐观、风险偏好来看，在一个没有（在特质、技能、社会资本上，物质资本是不可能没有反馈的——追加投资）反馈机制的、包含完全不确定性（对个人来说）的世界，能力相同的乐观者和悲观者的期望收入（和“模糊收入”）是一样的，乐观者的成功率和失败率相同并高于悲观者。即不考虑这些特质对信息集、社会资本的影响，没有反馈机制，特质对乐观和风险偏好对于创业成功是没有影响的（如果流动性约束严重的话，对创业选择也没有显著影响)。

如果把社会资本视为多次博弈产生的信息，并且通常按照某种测度标准的社会资本量会积极影响个人收益，社会资本将受物质资本、时间、机遇和特质等因素的影响。物质资本有时候是进入博弈的门槛，这时，社会资本是一个物质资本派生物。和特质影响信息集类似，特质会影响博弈的发生和结果。时间会影响博弈次数。

信息集和机会洞察力可能有正反馈的关系，信息集大的人，可以在与信息的交互作用中锻炼机会洞察力，也更可能向与其信息域相连的个人学习从而提高其机会洞察力。

将上述特征加入一般的框架后，得到回乡创业的选择框架，如图 6.2 所示。

6.2.2.1 个人因素的提炼——假说的提出 在上述分析的基础上同时考虑数据的限制，我们进一步提炼影响创业的个人因素，再提出假说。

家庭背景一方面可以影响初始财富，进而通过打工的职业影响回流时的财富，最终影响创业的选择（Blanchflower，Oswald ，1998）。然而，家庭背景可以影响个人特质，进而影响机会洞察力、回流资源等，从而影响创业环境。不过家庭背景和个人(与创业相关的）特质之间的关系并不明确。但其中一种可能性是，家庭生活水平很高或很低的人可能磨砺出更加符合通常企业家所具有的特质。

具体到回乡创业，由于外出打工的农民普遍的经济水平比较低，家庭在初始资本上并不能为创业者提供支持，从而主要通过个人特质影响最终创业选择。相对于收入中等家庭出来的打工者，最贫穷的人更有可能是规模创业者。而家庭经济条件最好的

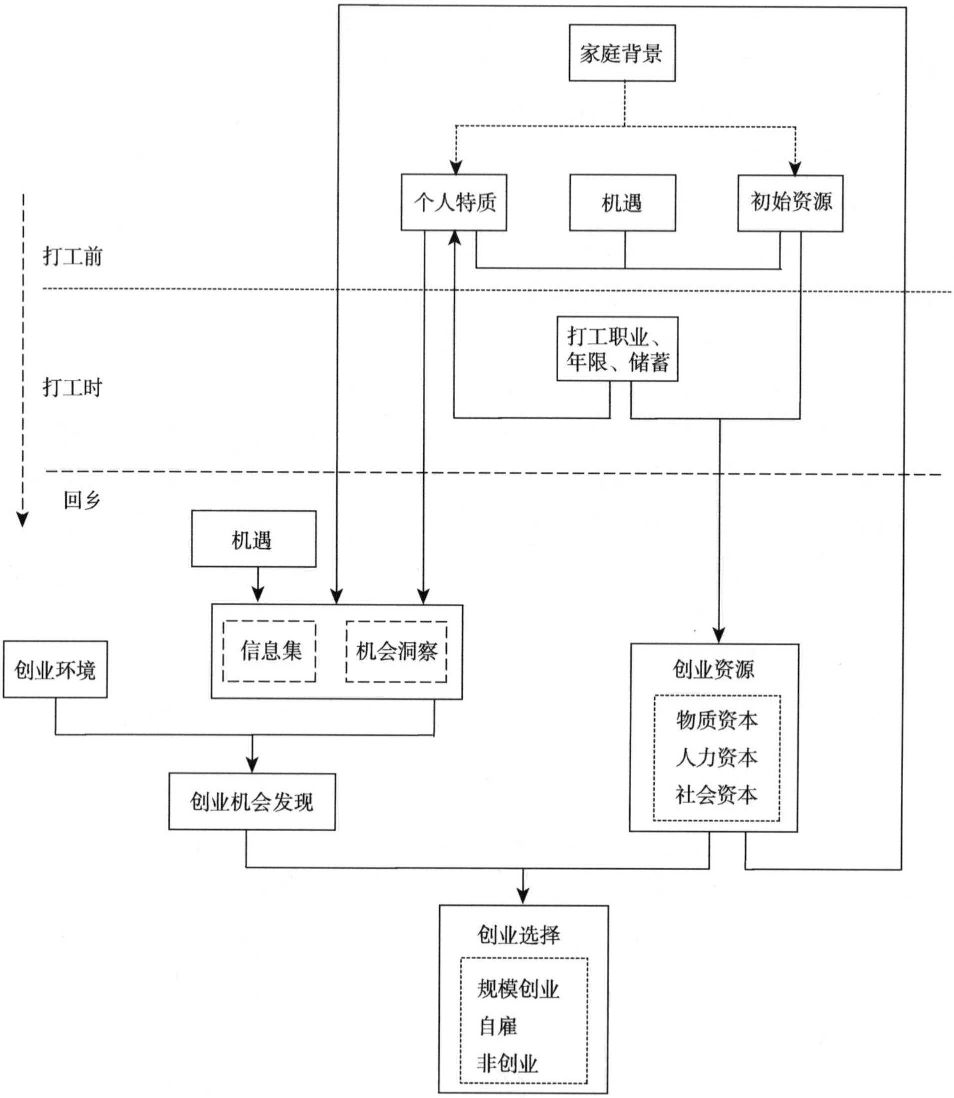

家庭背景

个人特质　机遇　初始资源

打工前

打工职业、
年限、储蓄

打工时

回乡

机遇

信息集　机会洞察

创业环境

创业资源
物质资本
人力资本
社会资本

创业机会发现

创业选择
规模创业
自雇
非创业

图 6.2　个人回乡创业选择概念框架

注：实线表示决定，虚线表示影响（用函数的概念来理解，决定表示包含了全部的自变量，虚线表示只是自变量之一）。箭头方向表示决定或影响的方向。

打工者由于家庭的背景可以给他的初始资源更有利于选择更好的打工职业，这会对个人特质有反馈作用。总的来说，有：

假说一：家庭背景不会对回乡创业产生显著影响。

而且由于家庭背景对初始财富和个性特征都只是影响而非决定，单独研究个性特征和初始资源对最终创业选择的影响是有意义的。大量理论、实证文献表明，自主性、权威、经济机会、自我实现度、风险承担的能力、经济管理的能力等会影响人们是否进行创业。从上述框架还可以更清楚地发现其作用机制。于是有：

假说二：个人特质会影响打工职业选择进而影响打工收入和创业选择。

转轨特征下趋于一般均衡的创业机会的特征和流动性约束，将使回乡创业选择极大程度上受打工收入的影响，而不会受特质的显著影响，特质对收入的影响更重要的特征表现在通过改变打工的收入来改变创业选择。因此有：

假说三：在进行回乡创业选择的时点上，打工收入对回乡创业选择有显著影响，特质并不起决定性作用。

假说四：从打工的时点来看，特质会对回乡创业选择产生显著影响。

作为一个外出务工（可能是领工资的，也可能自己经营）的人，因为在外打工可能更需要勤奋、有自我实现的抱负，而并不总需要风险承担能力，而对于创业来说，相对综合的特质，风险承担将显得更为重要。因而有：

假说五：对于收入决定来说，综合的特质的作用大于风险承担，对于创业选择来说，风险承担大于综合的特质。

6.2.2.2　实证检验

6.2.2.2.1　变量描述统计和相关分析　为检验特质和资源的关系，仍然使用二元 logistic 模型。根据前述框架和假说，相关变量的统计描述见表 6.15，特质综合因子分析见表 6.16，相关系数见表 6.17。

从表 6.17 可以发现一些问题，本家的收入和亲族总体收入呈现较为显著的相关关系。而父母教育水平、父母是否从事商业活动与之无关，并且与创业选择无关。另外的相关关系表明，父母的教育水平、是否从事商业活动和年龄有较强的（负）相关关系。这是容易解释的，年龄较大的受访者的父辈往往为集体化时代的人，教育水平，特别是商业活动的从事很大程度上受限。

表 6.15　特质、资源检验中的变量描述统计

			问题简单描述	测度*	均值	方差
	4	乐观	是否乐观？（Q32）	5分	3.872 3	0.832 59
	5	风险、不确定性的应对能力	是否比较“胆大”？（Q33）	5分	3.670 2	0.943 44
			是否比较能闯？（Q34）	5分	3.638 3	0.959 96
			风险收入权衡？（Q35）	2分	1.500 0	0.502 68
	6	自我实现	是否从小就想出人头地？（Q25）	3分	2.191 5	0.722 55
			有否不达目的不罢休精神？（Q26）	5分	4.074 5	0.858 10
			是否不想比别人差？（Q27）	5分	4.383 0	0.830 94
特	7	勤奋	是否能吃苦？（Q31）	5分	3.989 2	0.921 60
质	8	打工收入	打工带回家里的钱		10.24	31.288 7
	9	教育水平		7分	3.127 7	1.059 86
		家庭背景	10（打工前）家庭相对收入水平？	10分	4.887 1	2.267 26
			11 直系亲属经济水平	10分	5.537 2	1.952 72
			12 父母是否做过买卖？	3分	1.542 6	0.798 72
			13 父母教育水平（取和）	14分	4.053 2	1.469 16
		打工职业性质	14 从事体力和简单服务工作为 0 其他为 1		0.670 2	0.472 66
	15 外出年限				4.252 7	3.755 73
	16 性别				0.478 7	0.502 23

注：* 将问卷的反向选题的值进行处理，使其预期系数符号均为正。两分的数值为 1、2，三分为 1、2、3，以此类推。

表 6.16　特质综合因子分析

	方差（累积）贡献率	问题（变量）	得分	相关（显著性）			
				1	2	3	4
特质综合因子	53.679%	风险承担	0.791	1.000			
		自我实现	0.823	0.602**	1.000		
		乐观	0.669	0.353**	0.358**	1.000	
		勤奋	0.630	0.279**	0.361**	0.306**	1.000

表 6.17　机会范式下的变量相关系数

	1	2	3	4	5	6	7	8	9	10	11	12	13	14	15	16
1†	1			0.135	0.351**	0.115	0.198	0.531**	0.156	−0.095	0.024	0.199	−0.009	0.143	0.398**	0.236*
2		1		0.210*	0.460**	0.256*	0.265**	0.666**	0.212*	−0.115	−0.007	0.157	−0.053	0.274**	0.520**	0.368**
3			1	0.238*	0.453**	0.352**	0.266**	0.628**	0.215*	−0.104	−0.044	0.056	−0.091	0.353**	0.512**	0.419**
4	0.135	0.210*	0.238*	1	0.353**	0.358**	0.306**	0.093	0.226*	−0.112	0.043	0.089	0.085	0.192	−0.016	0.148
5	0.351**	0.460**	0.453**	0.353**	1	0.602**	0.279**	0.354**	0.221*	−0.009	0.005	0.086	0.110	0.390**	0.225*	0.370**
6	0.115	0.256*	0.352**	0.358**	0.602**	1	0.361**	0.251*	0.294**	−0.023	−0.062	0.113	0.123	0.323**	0.144	0.340**
7	0.198	0.265**	0.266**	0.306**	0.279**	0.361**	1	0.415**	0.056	−0.136	0.045	−0.050	−0.158	0.016	0.205*	0.244*
8	0.531**	0.666**	0.628**	0.093	0.354**	0.251*	0.415**	1	−0.033	−0.183	−0.092	0.066	−0.180	0.113	0.737**	0.549**
9	0.156	0.212*	0.215*	0.226*	0.221*	0.294**	0.056	−0.033	1	−0.052	−0.119	0.082	0.217*	0.278**	0.044	0.147
10	−0.095	−0.115	−0.104	−0.112	−0.009	−0.023	−0.136	−0.183	−0.052	1	0.392**	0.147	0.156	−0.079	−0.100	−0.122
11	0.024	−0.007	−0.044	0.043	0.005	−0.062	0.045	−0.092	−0.119	0.392**	1	−0.003	0.149	−0.051	−0.003	−0.144
12	0.199	0.157	0.056	0.089	0.086	0.113	−0.050	0.066	0.082	0.147	−0.003	1	0.085	0.166	−0.082	−0.065
13	−0.009	−0.053	−0.091	0.085	0.110	0.123	−0.158	−0.180	0.217*	0.156	0.149	0.085	1	0.118	−0.212*	−0.079
14	0.143	0.274**	0.353**	0.192	0.390**	0.323**	0.016	0.113	0.278**	−0.079	−0.051	0.166	0.118	1	0.085	0.219*
15	0.398**	0.520**	0.512**	−0.016	0.225*	0.144	0.205*	0.737**	0.044	−0.100	−0.003	−0.082	−0.212*	0.085	1	0.394**
16	0.236*	0.368**	0.419**	0.148	0.370**	0.340**	0.244*	0.549**	0.147	−0.122	−0.144	−0.065	−0.079	0.219*	0.394**	1

注：** 相关系数在 0.01 水平上显著（双尾检验）。

* 相关系数在 0.05 水平上显著（双尾检验）。

†问题编号所代表的变量见表 6.15。

6.2.2.2.2 计量检验结果 以职业选择为因变量（体力劳动和简单服务劳动为 0，其他职业类型为 1），做回归分析，结果见表 6.18 至表 6.21。

表 6.18 职业类型选择决定模型（模型：二元 logistic）

	模型（1）			模型（2）		
	系数	Wald 值	显著性	系数	Wald 值	显著性
风险承担				0.824	7.659	0.006
特质综合因子	0.545	3.893	0.048			
教育水平	0.544	3.717	0.054	0.566	3.875	0.049
家庭背景	−0.048	0.190	0.663	−0.077	0.451	0.502
性别	0.505	0.912	0.340	0.386	0.541	0.462
Constant	−0.830	0.584	0.445	−0.671	0.366	0.545
−2 Log likelihood		102.961（a）			98.303（a）	
Cox & Snell R2		0.159			0.199	
Nagelkerke R2		0.221			0.277	
HL 检验卡方值（自由度 8）（显著性）		12.685（0.123）			10.225（0.250）	
预测比		76.6%			74.5%	
样本量		94			94	

[a] 参数估计值小于 0.001，迭代次数达 5 时估计终止。

表 6.19 收入决定方程估计结果（模型：OLS）

	系数	T 值	显著性	系数	T 值	显著性
风险承担				0.100	0.699	0.487
特质综合因子	0.234	1.644	0.104			
打工工作性质	1.186	3.127	0.002	1.320	3.401	0.001
外出年限	0.269	7.147	0.000	0.264	6.942	0.000
教育	−0.307	−2.672	0.009	−0.278	−2.420	0.018
家庭背景	−0.080	−1.547	0.126	−0.086	−1.636	0.105
性别	0.955	3.533	0.001	1.028	3.778	0.000
常数	9.100	18.421	0.000	9.000	17.963	0.000
R^2		0.707			0.700	
调整后 R^2		0.687			0.679	
标准误		1.12513			1.13928	
样本量		94			94	

表 6.20　创业选择估计结果（模型：二元 logistic）

	基准模型（1）			模型（2）		
	系数	Wald 值	显著性	系数	Wald 值	显著性
风险承担				0.810	3.769	0.052
乐观				0.161	0.182	0.670
自我实现				−0.631	2.726	0.099
勤奋				−0.250	0.433	0.511
特质综合因子						
打工收入				1.138	14.068	0.000
教育水平	0.226	1.038	0.308	0.727	4.561	0.033
家庭背景	−0.058	0.361	0.548	0.039	0.082	0.775
打工职业性质	0.290	0.369	0.544	0.120	0.039	0.844
性别	0.833	3.581	0.058	−1.104	2.445	0.118
Constant	−0.916	1.070	0.301	−12.285	11.233	0.001
−2 Log likelihood	122.513（a）			83.922（b）		
Cox & Snell R2	0.078			0.388		
Nagelkerke R2	0.104			0.518		
HL 检验卡方值（自由度 8）（显著性）	12.419（0.133）			8.887（0.352）		
预测比	63.8%			74.5%		
样本量	94			94		

（续）

	模型（3）			模型（4）		
	系数	Wald 值	显著性	系数	Wald 值	显著性
风险承担				0.411 (0.151)	1.619	0.203
乐观						
自我实现						
勤奋						
特质综合因子	0.030	0.010	0.922			
打工收入	1.162	15.757	0.000	1.085 (0.801)	14.521	0.000
教育水平	0.717	4.762	0.029	0.623	3.901	0.048
家庭背景	0.072	0.306	0.580	0.035	0.070	0.791
打工职业性质（a）	0.308	0.280	0.597	0.099	0.027	0.869
性别	−1.147	2.887	0.089	−1.217	3.204	0.073
Constant	−13.189	13.892	0.000	−11.781	12.127	0.000
−2 Log likelihood	89.295（b）			87.622（b）		
Cox & Snell R2	0.352			0.364		
Nagelkerke R2	0.470			0.485		
HL 检验卡方值（自由度 8）（显著性）	5.131（0.744）			3.685（0.884）		
预测比	75.5%			77.7%		
样本量	94			94		

注：[a]参数估计值小于 0.001，迭代次数达 4 时估计终止。

[b]参数估计值小于 0.001，迭代次数达 6 时估计终止。

表 6.21　二阶段的创业选择估计结果（第一阶段 OLS，第二阶段 logistic）

	二阶段模型 logistic*（1）			二阶段模型 logistic（2）		
	系数	Wald 值	显著性	系数	Wald 值	显著性
特质综合因子	0.945	7.991	0.005			
风险承担				1.196	12.007	0.001
特质综合因子与收入残差	1.150	15.744	0.000	1.080	14.597	0.000
教育水平	0.734	5.123	0.024	0.629	4.056	0.044
家庭背景	0.062	0.237	0.626	0.031	0.058	0.810
性别	−1.109	2.740	0.098	−1.205	3.179	0.075
Constant	−1.894	2.184	0.139	−1.340	1.144	0.285
−2 Log likelihood	89.575（a）			87.650（a）		
Cox & Snell R2	0.351			0.364		
Nagelkerke R2	0.468			0.485		
HL 检验卡方值（自由度 8）（显著性）	5.723（0.678）			3.708（0.882）		
预测比	76.6%			77.7%		
	阶段一（OLS）					
	系数	T 值	显著性			
风险承担				0.712	3.633	0.000
特质综合因子	0.759	3.912	0.000			
常数	9.575	49.593	0.000	9.575	49.104	0.000
R^2	0.143			0.125		
调整后 R^2	0.133			0.116		
标准误	1.871 84			1.890 51		
样本量	94			94		

注：[a]参数估计值小于 0.001，迭代次数达 6 时估计终止。

* 由于第一阶段使用 OLS，第二阶段使用 logistic，并且是将第一阶段的残差放入第二阶段的方程，这样第二阶段的方程的拟合优度不能代表整个两阶段的拟合优度。不过由于我们的目的主要在于考察相关的几个变量的相互关系，而不是为了模拟估计，所以不会对我们解释的问题造成严重影响。

收入决定的估计结果和两阶段的估计结果中，模型（1）和（2）的差别在于使用了不同的指标衡量特质。

创业选择的估计结果中，模型（1）为基准模型，模型（2）使用四方面的特质和收入，模型（3）用综合的特质因子代替四方面的特质，模型（4）使用风险承担单一变量衡量特质。

以上各模型都显示了较好的估计结果。使用二阶段估计的理由如下：一方面，特质影响收入，它们的相互作用（在计量中表现一定的多重共线性）可能会降低单阶段中估计特质的影响；另一方面，为了验证假说四，需要剔除回乡时收入中特质的作用。为此使用两阶段回归法：先对特质和收入进行回归分析，再用回归的残差（即特质不能解释收入的部分）来替代收入进行检验，这检验特质和除去特质外的其他因素影响的收入对创业选择的影响，大大降低了收入的作用，也相当于检验在回乡这个时刻看，特质对最终创业的影响。

以上四个模型证实了前述五个假说：

①单阶段估计和二阶段估计中各家庭背景对创业都不显著。之所以在单阶段估计中的基准模型和其他模型显示不同的符合，这是因为家庭背景和心理特征、收入显示了不显著的负相关性。证实了假说一：家庭背景不会对回乡创业产生显著影响。

②从职业选择和收入决定的估计结果可以看出，个人的特质的两种衡量方式下都对职业选择产生了显著的正的影响。而且职业选择又显著正的影响打工收入。证实了假说二：个人特质会影响打工职业选择进而影响打工收入。

③从创业选择的估计结果中可以看出，用三种对特质衡量的方法估计的结果其系数值和显著性都不高。特质估计结果最好的是模型（4），特质和收入的系数进行标准化处理之后，特质的系数（0.151）远小于收入的系数（0.801）。退一步来说，两阶段估计中，用去除特质对收入影响后的收入的残差和特质，特质的系数和显著性也不明显强于残差。这证实了假说三：在进行回乡创业选择的时点上，打工收入对回乡创业选择有显著影响，特质并不起决定性作用。

④两阶段创业选择决定方程中的第二阶段中，两种方式衡量的特质都对创业选择有显著的积极影响。这证实了假说四：从打工的时点来看，特质会对回乡创业选择产生显著影响。

⑤从收入决定和创业选择估计（两种衡量的变量都已标准化）的比较来看，在收入决定中，以综合变量衡量的特质的系数和显著性均高于以风险承担衡量的特质。两

阶段估计中，模型（1）中，使用特质综合因子的系数和解释度（R^2）都小于使用综合因子。这些都证实了假说五：对于收入决定来说，综合的特质的作用大于风险承担，对于创业选择来说，风险承担大于综合的特质。

6.2.2.3　进一步的分析和补充论证

6.2.2.3.1　家庭背景与回乡创业　计量结果和假说一一致，家庭背景与回乡创业没有显著的相关关系。在前述假说的提出中指出，这一假说成立的条件是比较严格的。至少建立在农民分化不严重的基础上，这一关系值得进一步分析。按家庭相对收入分组（1～3，4～7，8～10），三种不同创业选择在不同组的比例情况如图 6.3 所示。

从图 6.3 可以看出，自雇者和未创业者的家庭经济背景未表现出显著差异，而规模创业者的家庭收入与另外两种显示了较为显著的差异——处于最低的和最高的都相对占较高比例。这同时反映了“穷人的孩子早当家”——通过改变特质和富人更富——通过改变教育、社会资本和流动性约束两种现象。而且“穷人的孩子早当家”的成功创业者大多年纪比较大了，在他们闯荡的时候外出打工的人很少，社会分化不严重，因而对穷人的孩子来说相对机会还是比较多的。在较为年轻的规模创业者中，家庭条件好的比例很高。这表明，随着市场化进程的深入，穷人的机会可能越来越少。王海港（2005）的研究表明，中国的收入结构的流动性正在降低，这一趋势侧面印证了我们的推测。

尽管限于我们的样本规模，这一推测尽管比较勉强，其引申的含义却是较为沉重的。这可能意味着，回乡（规模）创业将变得越来越少。

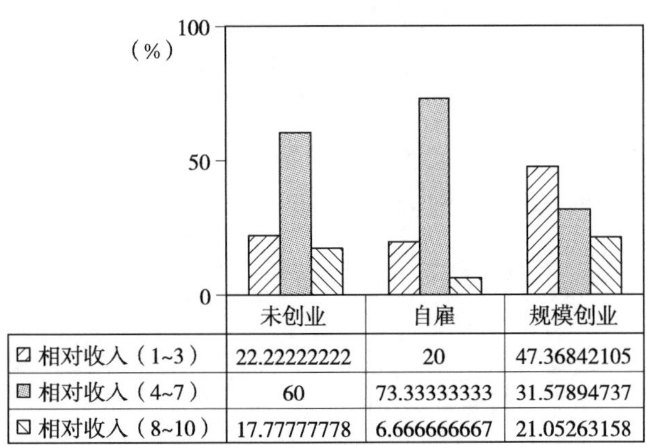

	未创业	自雇	规模创业
相对收入（1~3）	22.22222222	20	47.36842105
相对收入（4~7）	60	73.33333333	31.57894737
相对收入（8~10）	17.77777778	6.666666667	21.05263158

图 6.3　家庭（相对）收入比例

6.2.2.3.2 社会资本和回乡创业 Ma（2002）考察了社会资本在回乡创业中的重要性。从我们的调研来看，社会资本的来源是多方面的，既有原有的血缘关系建立的，也有打工时候建立的，还有回乡后建立的。血缘关系对于自雇的回乡者在获得启动资金方面比较重要，而对于规模创业者来说并不重要。规模创业的回乡者往往要与政府打交道，这种所谓"社会资本"或者说"关系"很大程度派生于物质资本拥有量。打工时所建立的社会资本也和血缘关系建立的社会资本以及物质财富派生的"社会资本"有着较为显著的差异。在考察社会资本对于创业的重要性时，需要对其来源进行区分，否则将会降低社会资本这一概念的意义。

6.2.2.3.3 打工过程中的学习（反馈机制）**的作用** 在概念框架中我们强调，从理论上说，如果没有反馈、学习作用，风险承担将不会对打工收入产生很显著的影响。反过来说，如果风险承担对于打工收入有显著影响（这正是我们计量中的结果），这从侧面说明了打工过程中学习、反馈的重要作用。

在我们的案例访谈中，几乎每个较为成功的回乡者都感叹在打工时期虽然心酸，却的确学到了很多东西。（案例二）王 RL 说："在上海的十年，就是向上海人民学习的十年。"（案例八）严 YS 从除了一点拳脚功夫外无一技之长的初中生到一个高新技术人才和创业者、管理者，打工过程的学习作用表现得再明显不过了。

6.2.2.3.4 主观的相对重要性 问卷中设计了一个问题来衡量回乡者对于回乡创业者成功的因素的主观评价。问题是：

打工回乡的人中，有些人做大买卖，您认为这些人的成功主要原因（跟别人不一样的地方）是什么？（选三项，按重要程度排序）__________ 1）文化高；2）人"机灵"，敢"闯"；3）老实，能吃苦；4）家庭（父母）条件好；5）配偶找的好；6）有钱有势的亲戚帮助；7）运气好。

根据答案，赋予排序第一的权重为 0.5，排序第二的权重为 0.3，排序第三的权重为 0.2，得到不同组别的创业成功要素的主观评价。这一评价可以作为检验上述结果，也可以区别不同组的对创业的不同认识。

如表 6.22 所示，从总体的选择来看，各种因素的前四位排序依次为"机灵、敢闯""老实、吃苦""有文化"、"运气"四种。用前述分析框架来表述依次为风险承担、勤奋、教育和机遇，和我们的框架以及计量结果基本吻合。

表 6.22　受访者对成功的回乡创业所需条件的主观认识

	总体 重要性	规模创业 （参照组） 重要性	自雇		自雇	
			重要性	差值	重要性	差值
有文化	0.168 085	0.136 842	0.146 667	0.009 825	0.195 556	0.058 713
机灵、敢闯	0.305 319	0.326 316	0.32	−0.006 32	0.286 667	−0.039 65
老实、吃苦	0.181 915	0.294 737	0.113 333	−0.181 4	0.18	−0.114 74
家庭条件	0.089 362	0.063 158	0.113 333	0.050 175	0.084 444	0.021 287
配偶	0.038 298	0.031 579	0.016 667	−0.014 91	0.055 556	0.023 977
亲戚	0.054 255	0.031 579	0.083 333	0.051 754	0.044 444	0.012 865
运气	0.162 766	0.115 789	0.206 667	0.090 877	0.153 333	0.037 544
加总	1	1	1	0	1	0

从分组对照来看，自雇、未创业的评价基本一致，而与规模创业者在对“老实、吃苦”、“运气”、“亲戚”和“文化”的评价显示了较为显著的差异。相对规模创业来说，自雇的回乡者认为“老实、能吃苦”不太重要，而认为“亲戚”、“运气”相对更重要；未创业者也低估“老实、能吃苦”的重要性。这种认识上的差异从侧面反映了个人特质的差异并印证了特质对回乡创业的重要作用。不过，在我们的调研对象中，由于规模创业者的年龄在总体上大于其他类型，这一结果也有可能反映了随着时间变化需要的创业资源不同。本研究倾向于认为两种因素都有。

6.2.2.4　小结　本部分根据回乡创业的特点，发展了一个回乡创业的机会发现与开发的理论框架，这一框架试图强调：转轨条件下的创业的特点；决策时点上（回乡后）的创业选择影响因素和从外出打工时刻看的创业选择影响因素有不同的特点，也即考察长期和短期中影响创业选择的因素不同。从这一框架中提出了五个假说：①家庭背景不会对回乡创业产生显著影响；②个人特质会影响打工职业选择进而影响打工收入；③在进行回乡创业选择的时点上，打工收入对回乡创业选择有显著影响，特质相对并不起决定性作用；④从打工的时点来看，特质会对回乡创业选择产生显著影响；⑤对于收入决定来说，综合的特质的作用大于风险承担，对于创业选择来说风险承担大于综合的特质。F 县 94 位回乡者的问卷调查数据证实了这些假说。

另外，我们还通过案例和进一步的分组对比分析，考察了家庭背景，社会资本，打工中的学习、反馈作用以及回乡者对打工创业成功要素的主观认知及其差异。主

要强调了家庭背景的结论只在有限的范围内成立，社会资本的分析应该注重分析其来源，打工中学习（反馈）机制的重要作用，以及对于创业成功要素的主观认识差异也反映了实现不同创业选择的人在认知、评价上的不同可能导致创业选择结果不同。

6.2.3 创业环境与回乡创业

国内在创业环境方面专门的理论研究很少，主要是介绍、借鉴西方国家的创业环境框架，如蔡莉等（2007）。在前文的概念框架中已经指出，创业机会产生于整个社会的（一般意义上的）创业环境，并且强调，在一个转轨的发展中国家，其创业机会与西方发达国家创业文献中的创业机会有着显著的区别，也即在一般意义上创业环境并不相同。而西方学者的创业环境框架往往在假定一般意义上的创业环境相同的情况下，进行细分的分析（如下文提到的 GEM 创业环境框架），这种“特殊”的创业环境分析框架对于我国这样的转型中国家的创业环境分析的指导、借鉴意义不大，因而本研究不打算直接沿用西方学者的创业环境分析框架。

制度经济学尽管可以作为一般意义上分析创业环境的工具，但是从我们接触到的文献来看，专门应用制度理论的分析框架对创业环境进行研究的文献并不多，更不用说回乡创业的创业环境。鉴于在一个转轨过程特殊的社会经济背景下，创业环境概念的复杂性，本研究也无力提出一个完整的、有解释力的创业环境分析框架，因而只能试图从已有的制度经济学一般理论出发并逐步深入，试图去解释在调研中发现的一些现象和问题。

GEM（全球创业观察的英文简称）（2002）将经济增长的条件分为一般环境条件和创业环境条件，后者由 9 个方面组成，分别是：金融支持、政府政策、政府项目、教育和培训、研究开发转移、商业环境和专业基础设施、国内市场开放程度、实体基础设施的可得性、文化及社会规范。前者是制度（变迁）理论所关注的焦点。从回乡创业来看，与一般环境相关的问题有：转轨过程中的宏观社会经济的变化，使回乡创业机会在不同时期有不同的特点；回乡创业与其他类型创业的特点；诺思悖论与回乡创业，相关的问题还有产权维护、政治体制、财政体制与回乡创业。

从特殊的创业环境来看，由于普遍不存在专门性的回乡创业政策，本研究将简单描述融资、土地，创业政策、招商引资政策和回乡创业的关系。

6.2.3.1　一般创业环境与回乡创业

6.2.3.1.1　宏观经济社会环境与回乡创业　在本书的研究中，我们采用 Shane (2003) 对创业的定义，即创业机会是一种状态，在这种状态下，可以通过新的手段、结果或手段与结果间的关系，产生新的物品、服务、原材料、市场以及组织方式。从定义中我们可以看出，创业机会有价值的条件是必须能够使产生利润的可能性变为现实。

宏观经济条件是创业所处的宏观环境，一个社会的整体经济情况对于创业机会而言，具有决定性的作用。

政府对于经济体制的选择对创业机会有着不可忽视的影响，不同的经济体制为创业提供了不同的经济环境。经济体制主要有计划经济和市场经济两种形式，目前还存在着从计划经济向市场经济转型的过渡经济模式，转型经济也是目前研究的热点经济问题之一。市场经济中，价格是资源调节的信号，市场是资源配置的手段。创业机会的存在，一方面的原因是经济运行中存在的信息不对称使得不同的经济主体对创业机会的评价不同，进而做出不同的创业选择（Shane，2000）。在这样的经济环境中，如果创业者利用不对称的信息获取创业机会，并从主观上评价创业机会的价值，认为创业机会可行，便会进行创业。因为市场经济运行是靠“看不见的手”对经济系统进行调控，任何拥有资源的创业者都可以在市场上自由进行创业选择，政府只从宏观上对经济进行调控。在计划经济条件下，创业对于私人创业者来讲，是很难的，甚至根本不可能的事情。计划经济中政府是一切经济活动的操控者，是资源配置的主体。在这样的经济环境中，价格根本无法给出创业机会的信号，因为价格不是市场的信号，因而也就不具有任何信息。另一方面，即使创业主体获得了创业机会，但在计划经济体制下，创业活动也无法进行，因为政府作为经济活动的操控者，一般情况下是不允许其他经济主体参与到经济活动中来，以保证其对整个经济的控制。转型经济是从计划经济向市场经济体制进行转轨的一种中间状态，这种经济状态中，计划和市场经济并存，政府和市场共同作为经济动行的调控者。一般的转轨经济国家中，政府意识到计划经济体制的弊端，努力发展市场经济，以促进经济发展。政府逐步放松对经济领域的控制，努力让市场作为资源配置的手段。经济系统在由政府操控到由“看不见的手”调控的转变过程中，经济环境逐渐放松，与较发达的市场经济比较而言，具有更多的创业机会，政府又逐步放宽创业环境，对创业主体而言创业环境也是逐渐转好的。

除了经济体制的选择，政府还可以从其他方面影响创业的宏观经济环境。创业产

生的前提是能够产生利润的手段、结果或手段与结果的关系，而且这个信息是不会被其他创业主体所模仿的，如果所有的人都有关于创业的同样的信息，那创业机会也就不复存在了。新知识的产生是决定创业的重要的外生变量（Shane，2003），因为新知识的产生可以为创业者提供生产新产品的机会，带来新的生产技术，使新的供给资源可以利用，重建企业，并且在新的地区创建新的市场（Schumpteter，1934）。在我国，各研究院所和高校是产生新知识的主要场所，企业的创新能力次之。在集权政府管理模式下，不管是哪个产生新知识的单位，都有主管这些单位的政府部门，我国政府严格的条状管理模式使得这些单位不得不按照上级政府的意识决定是否进行创新。另外，这些单位的研究经费绝大部分来自政府资助，很少有国外资金资助，我国知识创新的现状，进一步受到政府意愿的控制。意识和资金两方面的控制，使我国政府成为整个社会新知识产生的决定性因素。

具体到我国的回乡创业，整体宏观环境可以大致分为市场经济发展的趋势和中央政策导向两方面。随着我国经济的发展，世界制造业大国的地位将进一步加强。同时，东部沿海发达地区产业升级正在大步前进，产业的升级必然伴随产业的转移，一些技术、资本密集程度低，劳动力密集程度高的产业必将向内陆地区转移。产业转移的大趋势意味着在内陆地区（通常是劳动力输出地区）开办相关产业的企业有着更好的市场条件，对于曾经从事这些行业的回乡民工来说，无疑更为有利。这一背景对于回乡创业来说无疑具有深远的积极意义。不过，以产业转移为背景来研究回乡创业的文献极少，如果不是没有的话。

从中央政策来看，我国已经进入“工业反哺”农业的时期，统筹城乡发展、统筹区域发展的加强新农村建设等方针政策，对于回乡创业也是有积极意义的。不过，这些年政策的变化，还没有反应到农民工回乡创业上来。

6.2.3.1.2　诺斯悖论与回乡创业　政府权力的行使，会影响到可能的创业机会的数量、分布以及类型（Shane，2003）。诺斯悖论作为制度创新理论的基本命题，描述的是国家与社会经济发展之间的关系。这一悖论源于国家在租金最大化和社会产出最大化之间的矛盾。在这一基本命题下可以演绎出一系列的命题。本书试图用它们来解释我们在F县这一案例中观察到的现象——国家、政府与创业。

中国的经济转型到目前为止的成功很大程度上归功于渐进式的改革道路，具体来说是政治集权下的经济分权。尽管我们通常强调经济分权对地方政府的激励作用，不过，在这种格局下的地方政府，仍然存在着诺斯悖论问题以及代理问题等。地方政府在经济分权的激励不足（如由于禀赋差，努力发展经济的回报很低）时，作为理性经济人的地方政府可能采取攫取之手（grabbing hand），违背社会最大化产出的原则。

我们假定社会产出越高，政府越可能使用扶持之手同时最大化租金和社会产出；而产出越低，政府越可能使用攫取之手最大化租金而违背社会最大化产出。这是易于理解的，一个普遍的现象是越富裕的地方政府往往越开明，越穷的地方政府往往越腐败（如果以腐败总额占社会总产出之比来衡量）。需要特别指出的是，即便租金最大化和社会产出最大化是冲突的，但租金最大化和社会产出增长并不一定是冲突的。由此，在一定的环境中，可能出现政府使用攫取之手时社会产出仍然（以低于政府使用扶持之手下的增长率）增长，而社会产出增长到一定时候，政府采用扶持之手更为有利，这时会产生一个增长速度的“跃迁”。

以上是以一个政府和一个市场作为模型的。进一步的分析可以将政府和市场细分。政府并非是铁板一块的——一个常见的分解是政治家和官僚。市场主体也是分化的，可以按规模分为大企业和小企业。

政治家和官僚有一定的委托代理关系，存在着一定程度上冲突的目标函数——政治家追求政治上的成功，官僚追求现期收入最大化①。按规模区分的企业表现为对社会经济产出的贡献大小不同从而产生的政绩效果不同，与政府的交易费用不同。

从一个政府和两个市场主体的模型来看，由于不同规模企业为社会产出的贡献不同，其谈判能力也不同（企业可以用脚投票，而作为本地居民的小企业的这一策略作用极为有限），地方政府有可能为最大化经济增长的政绩而优待大企业，而对小企业则使用攫取之手最大化租金。政府可以同时使用扶持和攫取之手。

从政治家、官僚与一个市场的模型来看，如果政治家的目标函数在于最大化社会产出，官僚的目标函数在于租金最大化，而且政治家的精力有限及与官僚谈判能力有限，将会随机产生部分市场主体被保护和部分市场主体被攫取。

两个政治主体和两个市场主体的模型下，结果将与上面的模型有所差别——大企业将更可能受到保护而小企业将更有可能被攫取②。

下面我们用这些模型来解释调研中观察到的现象。

---

① 尽管笔者认为这一区分可以解释部分现实，不过对其解释力还是非常谨慎的。

② 用老鹰捉小鸡的游戏可以形容为——官僚是一只凶恶而精力无穷的老鹰，而政治家是一只能力有限的母鸡，前面的模型只有同样的小鸡，因而会有（随机的）部分小鸡受伤；后面的模型中小鸡分为较大的小鸡和较小的小鸡，母鸡会更加致力于保护较大的小鸡而不保护小的小鸡。

现象一：两届政府的显著差异。

F县新一届政府成立以来（以2004年为分界），一个非常显著的变化就是加强了招商引资力度。同时，政府也加大了“引智”、提高政府效率的许多改革措施。2005年，全县引进各类投资项目259个，实际到位资金10.4亿元，其中省外资金8.86亿元，同比分别增长51.8%、60%。固定资产投资，规模以上企业数有了相当的增长（图6.4和图6.5）。从人们的评价来看，我们在调研中发现，无论是政府官员，还是企业主或者群众，对于新一届政府（相对上一届政府）总体上都是持肯定的态度。

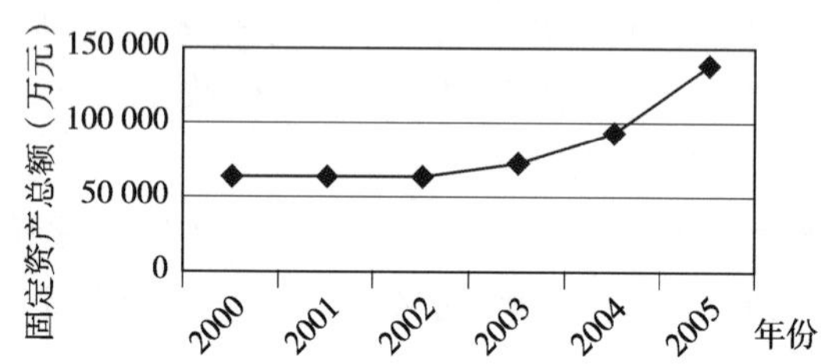

图6.4　F县2000—2005年固定资产投资额

资料来源：F县统计资料（2000—2005）。

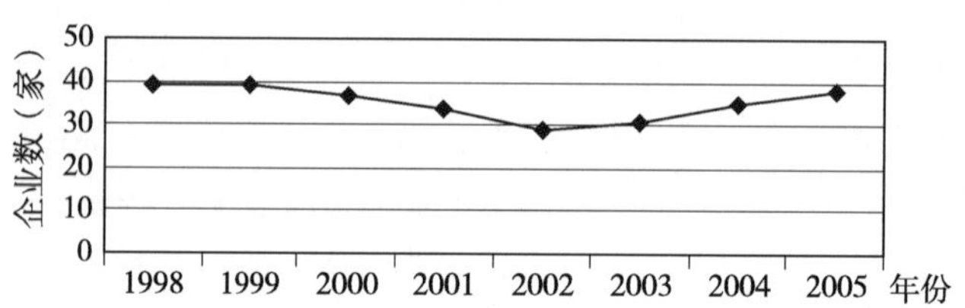

图6.5　F县1998—2005年规模以上①企业数

资料来源：F县统计资料（1998—2005）。

如果上述结果可以说明两届政府在对待经济社会发展上有着显著区别的话，我们根据上述的模型可以有两种可能的解释：单一政府和可分为官僚、政治家的政府两个模型；实现了对“诺斯悖论”的“跃迁”的单一政府。

第一种解释具体说就是，新一届的政府可以看做由政治家和官僚共同组成，而过去的政府可以看做由单一的官僚组成。根据上面模型的分析，两届政府的不同是容易

① 这里的规模和回乡创业中的规模使用的是不同的标准。

解释的。为什么会出现这种差异，我们也许可以从领导者的年龄、学识来分析。关于“59 岁现象”等的讨论可以看出不同年龄、不同学识的领导者可能使他们或者表现为政治家，或者表现为官僚。F 县新一届的领导人都刚过 40 岁，政治前途光明，教育水平相对很高，而且都是从其他地方、其他部门调入的。

第二种解释具体说就是，由于经济社会发展到一定阶段或者产生了一定的外部冲击，对于政府来说，租金最大化和产出最大化是统一的，或者说，采用攫取之手的成本已经超过其收益。根据这种解释，该县的变化可以认为是因为社会产出已经累积到了租金最大化和产出最大化统一的临界点，因而这种变化是自然而然的。经验的支持是，近两年，石英砂价值上升，而 F 县有着丰富的石英砂矿。

至于现实中的原因，本研究的基本判断是两种解释可能都起作用，不过可能前者更为重要一些，毕竟，很多禀赋、经济水平相当的地区并不一定有这么显著的变化。

现象二：对不同规模企业的不同态度。

从 F 县政府的招商引资政策来看，对不同规模企业的差别对待是非常明显的。如该县县委文件明确规定，“投资 500 万元以上的”企业才能享受“F 县县委、人民政府做出”的“八项投资承诺、为外来客商提供九项优惠待遇”。对于鼓励投资考核奖惩的办法也很明显地与投资额挂钩。

另外，这些招商引资政策也表现了对于企业特别是大企业的保护措施，明确提出对招商引资的企业提供高效率的服务，维护治安和严格的利益保护［严禁单位、个人到“企业吃、拿、卡、要、报（包销）”］。

而对于较小的企业，政府的照顾则往往不那么周全。我们调查的回乡创业者（它们通常只是小企业主）普遍反映了政府对不同规模企业的差别对待。邓 CD 是招商引资回来的，而据他反应，在办窑厂不久，“还没收回钱，各种要钱的单位就来了”。

以上分析表明，政府可能在不同情况下对不同企业（创业机会）提供不同的创业环境，而创业环境会极大地影响回乡创业发生和发展。

6.2.3.1.3　F 县一般（回乡）**创业环境**（机会）**的变化趋势**　作为实行家庭联产承包责任制的地方，安徽省 F 县的发展变化和中国改革的进程是一致的，其发展变化可以代表大部分中西部较为落后的地区的变化情况。从在 F 县调研的情况来看，F 县成规模的回乡创业情况出现在 20 世纪 90 年代中后期，而早期的回乡创业和近几年的回乡创业在创业机会和创业资源的来源上有较为明显的变化。

20 世纪 90 年代中后期的企业改制使得很多集体、国有部门的资产变为私人部门

的资产。在这个过程中，撇开集体、国有资产的流失不谈——改制并不一定意味着公共资产流失，并且公共资产流失的概念界定本身就是一个理论的难题，产生了很多创业机会，甚至可以说，所有的企业改制都意味着创业机会。这使得那个时期的回乡创业有较为显著的特点——利用计划时代遗留的资产。计划经济时代留下的资产给了回乡创业者一个以较低成本获得、组合资源的机会。

从访谈中所调查到的一个案例发现，晏JH的创业机会来源于所在镇的一家集体性质的企业——村办面粉厂。由于这个集体的面粉厂经营不善，寻求发包，晏JH不顾阻力将该厂承包下来，从事走向创业之路并获得了相当的成功。在另一个案例中，尽管王CZ在1997年前已经有了相当的资本积累，不过“1997年7月，他抓住政府大力倡导参与国企改制的时机，成功租赁了已停产两年多的县国营玻璃厂”，使他的事业上了一个新的台阶。

当企业改制结束后，回乡创业者使用较低成本获得、组合集体时代留下的资产进行创业的机会越来越少，更多的只能依靠自身的资本积累。

6.2.3.1.4　回乡创业机会的特点　相对于未外出打工的人来说，打工者在外务工的经历将使他们对于外部市场有更多地接触，更容易发现市场中的创业机会。而且在外务工时产生的社会资本也会有助于他们发现创业机会和对创业机会的开发。另外，随着东部沿海的部分产业向中西部地区转移，作为中介或者实践者，都是可以成为回乡者的创业机会。

相对于外部投资者来说，回乡创业者一个突出的特点是，他们对家乡的了解和原有的社会资本，使他们在发现和开发家乡的创业机会时，有着得天独厚的优势。

另外，小规模企业相关的一个特点是，能解决较多的劳动力就业问题。在此方面，回乡创业往往也是显著的，并且，回乡者原有的社会资本往往也会使他们倾向于雇佣更多与他的社会网络相近的劳动力。

由于回乡创业的这些特点，回乡创业机会的一个可能的趋势是农业的服务中介机构。由于农业部门越来越受到重视，农产品价格不断上升，农业中劳动力有减少的趋势，这样的创业机会将越来越多。

6.2.3.2　特殊创业环境与回乡创业　GEM（2002）把创业环境条件，分为九个方面，分别是：金融支持、政府政策、政府项目、教育和培训、研究开发转移、商业环境和专业基础设施、国内市场开放程度、实体基础设施的可得性、文化及社会规范。

从我们的调研来看，F县政府虽然加大了招商引资力度，也把回乡创业作为招商引资的一个方面，但是并没有针对回乡创业的金融政策、政府政策等。不过，回乡创业者特别是一定规模的回乡创业者，即便达不到招商规模，由于本地居民的身份，也有可能获得一些个人化的创业政策。

对于回乡创业者来说，他们普遍反应受到流动性约束，特别是规模回乡创业者，他们的企业预期利润是可观的，资金成了他们的重要障碍。而由于企业规模小，他们往往难以获得贷款。从基础设施来看，不少调研对象提到了基础设施特别是道路的落后，以及当地人们落后的文化思想——这呼应了前述微观研究中对心理特质的强调。

6.2.4　结论及政策建议

6.2.4.1　主要结论　本部分研究通过实地问卷调查和基于第一手数据的实证研究，所得出的主要结论有：

6.2.4.1.1　社会心理学视角的研究对于回乡创业有一定的解释意义，具体来说，创业的可能性比起个人心理上的对创业偏好在决定创业选择中具有更重要的作用。

6.2.4.1.2　家庭背景在目前情况下没有对回乡创业产生显著影响。

6.2.4.1.3　个人特质会影响打工职业选择进而影响打工收入，在其中，学习（反馈）机制非常重要。

6.2.4.1.4　在进行回乡创业选择的时点上，打工收入对回乡创业选择有显著影响，特质相对并不起决定性作用。

6.2.4.1.5　从打工的时点来看，特质会对回乡创业选择产生显著影响。

6.2.4.1.6　对于收入决定来说，综合的特质的作用大于风险承担；对于创业选择来说，风险承担大于综合的特质。

6.2.4.1.7　回乡创业相对于其他类型创业在整合农村社区资源，吸引产业转移方面有其优势。

6.2.4.1.8　政府在不同社会经济发展条件下和不同的领导人掌权的情况下可能营造不同的创业环境，而创业环境对于回乡创业来说是重要的。

6.2.4.1.9　政府往往倾向于扶持大企业，而这对于回乡创业的优势发挥是不利的。

6.2.4.2　政策建议

6.2.4.2.1　鼓励回乡创业行为。具体来说：①对于独立的，有较为雄厚的资金技术实力的潜在回乡创业者，应该将其视为同等条件下更优的引资对象。②对于可能成为规

模性、团体性的回乡创业，政府更应该有意识地创造条件，鼓励和引导其发展。如刘府镇的汽车拆解业可能成为一个小的产业集聚圈，但遗憾的是，不少从事这行的刘府镇人已经定居大城市。另外，沿海产业向内地转移是必然趋势，政府应该有意识地根据这一趋势以及本地打工者通常所处的产业来搭建产业承接平台，在这个平台上，回乡创业者可能发挥重要作用。③对于依靠乡土资源的回乡创业者，政府更应该有针对性地支持。尽管他们的资金、技术实力可能短期内并不强大，但从长远来看，他们对于“三农”问题的解决，农民的民生问题，将可能起到重大作用。应该鼓励他们参与公共事务，为农民提供市场、技术、信息服务。从鼓励的方式来看，给予政治荣誉、融资支持、高效廉洁的政府服务是必要的。

6.2.4.2.2 在学校和农民工的培训中，加强创业教育。创业教育不仅能提高人的创业技能，可能更重要的是激发人们的创业特质。

6.2.4.2.3 鼓励、宣传外出的农民工选择能够接触外部市场、学习机会多的工作机会，在打工过程中，继续学习，揣摩市场。

6.3 社会主义新农村建设与大学生回乡创业：一个案例剖析

大学生到农村创业，给农村提供了一条吸引人才的路径，有利于农村的长期发展和社会主义新农村建设目标的实现，同时也为我们教育新型农民提供了另外一种途径和思路。

6.3.1 理论框架、研究问题及研究方法

本部分研究借助目前国际上研究创业的主流方法——机会识别方法，提出一个机会识别影响因素模型，即机会识别是创业者个人因素、创业环境共同作用的结果，同时在这两个因素中又细化了一些因素，结合大学生到农村流动的背景，我们提出本部分的研究框架，如图 6.6 所示。

其中，个人因素包括三点：创业者的性格特征；已有的知识，基于本文的研究对象——到小岗村创业的大学生，我们将其定位为专业知识等学校教育的结果；创业者的经历和关键事件的影响。环境因素包括两点：外界的创业环境及创业者周围群体对他们的支持。之所以选择这两个因素，是由于创业活动离不开创业者个人与他所处的外界环境，本研究参考 Shane 和 Venkataraman（2000）经典文献中的观点，他们认为

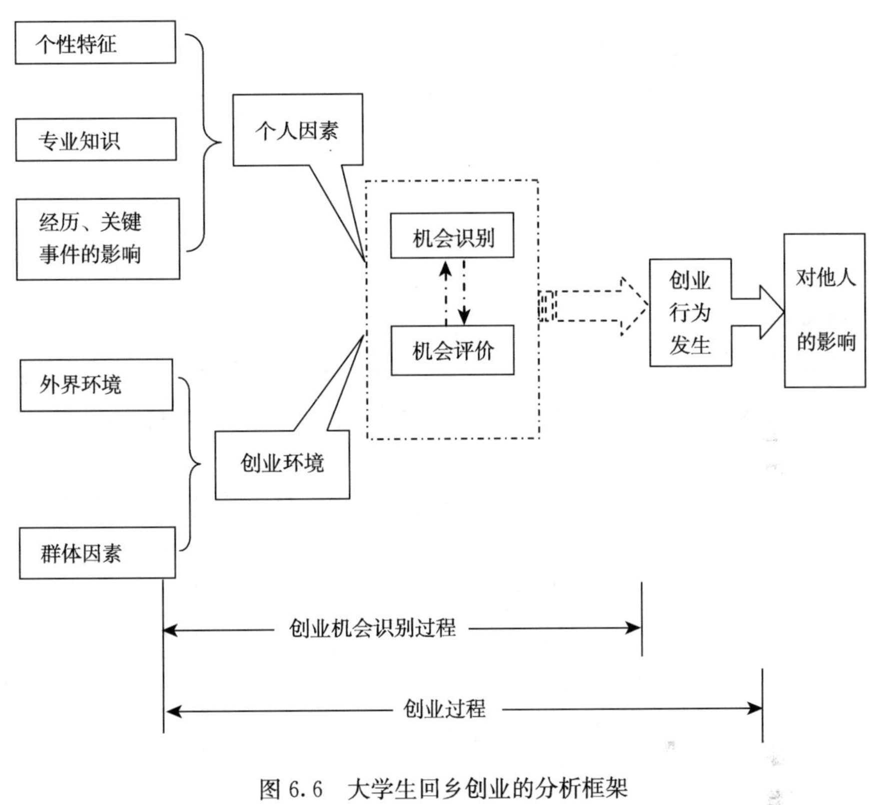

图 6.6　大学生回乡创业的分析框架

影响机会识别的因素有如下两种：机会本身的属性和创业者自身的原因。

创业研究中，国外学者最初从创业者的性格特征来分析创业者与非创业者之间的差异，不过并未得出令人信服的结论，原因是忽视了创业者个体的成长环境因素。因此本研究在个人因素方面，提出了三个层次：从创业者（大学生）的性格特征着手，着重分析创业者的成长经历与环境，成长经历环境主要有学校的影响，我们将其当做第二个层次，然后分析他们的成长经历以及关键事件是否有影响。

从创业者个体出所处的环境研究创业是另一个重要的研究方向，不过学者们对创业环境的定义有交叉，并且创业环境大多针对宏观环境，缺乏 Robert A. Baron 与 Scott A. Shane 的“群体因素”。机会本身因素界定与创业环境也有类似的地方。为了理顺上述思路，本书认为创业环境可以划分为外界环境及群体因素两部分，其中外界环境，包括宏观创业环境及创业项目本身，囊括了“机会本身的因素”；群体因素，即

创业者周围的群体对他们创业的支持。

这里要研究如下三个问题：

问题一：个人因素是如何影响大学生到农村创业机会识别的。

问题二：创业环境是如何影响大学生到农村创业机会识别的。

问题三：大学生到农村创业行为发生之后，对当地农民产生了怎样的影响。

Scott Shane 与 S. Venkataraman 在他们的一篇开创性文献中提出了创业机会的研究框架，指出应该从机会的角度来分析为什么有的人发现了创业机会而其他人没有发现，这对理解创业现象的本质具有非常重要的意义。至此，机会识别成为创业研究的热点。在本框架中，需要说明的是，机会识别首先是一个过程，机会识别与机会评价不是相互割裂的两个部分，而是相互影响。机会识别是整个创业过程的首要的也是关键的阶段。

在研究方法上，笔者以 2006 年 12 月在安徽省凤阳县 10 天的实地调研[①]为基础，采用了个案研究以及描述统计分析的研究方法。调查对象包括凤阳县小岗村 3 名创业大学生王中华、苗娟、周盘龙、苗娟的父亲、安徽科技学院宣传部、凤阳县招商局、凤阳县中小企业发展局、安徽科技学院的 80 名普通大学生、小岗村 21 户农民、凤阳县临淮镇胡府村 20 户农民、小岗村党委与胡府村相关负责人。调查方法是以半结构式访谈[②]与问卷调查为主，辅之以资料、数据的收集。

6.3.2 研究对象

6.3.2.1 小岗村创业的大学生 分析大学生的个人因素对他们创业机会识别的影响，主要研究对象是 3 名在安徽凤阳县小岗村创业的大学生。3 名创业的大学生分别是王中华、周盘龙和苗娟，他们都是安徽科技学院的 2003 级学生，2006 年，他们大学三年级时，选择了到小岗村创业。安徽科技学院位于安徽省滁州市凤阳县，是一所工、

① 本研究得到国家自然科学基金项目（项目编号 70373068）“农民创业的生成环境与形成机制”（主持人：郑风田）的调查支持，特此感谢。

② 所谓半结构性访谈，是指进入经验研究时，是有目的、有预设、有框架、有理论及方法准备的，是有一定结构性目标的，但真正进入到经验研究之后，却不能过分强调结构性目标，而要允许超出框架和预设的经验知识，允许经验本身复杂逻辑的自主展开。具体如，在访谈中，要允许访谈对象主动地讲述与问题相关的但有了重大发挥的话语。调查者的心态是开放的，思维是发散的和联想式的，调查者通过访谈对象“偏题”的讲述，发现问题，产生顿悟，形成对经验的重新认识与把握。贺雪峰，经验研究与中国社会科学本土化，http：//www. eduww. com/Article/ShowArticle. asp？ArticleID=10871.

农、管、理、文、医、法、经等多学科协调发展、具有较强实力和鲜明特色的多科性本科院校，其中农科专业有着较强的优势。学院有着自己的办学特色。在培养学生良好的思想道德素质、扎实的专业基本功的基础上，通过加强实践教学基地建设，构建实践教学体系，实行“多证书”、“双师型”制度和设立大学生创新科研基金等措施，着力培养学生的实践技能和创新精神，已初步形成了以大学生“知识结构优，实践能力强，创新意识强，敬业精神强”为核心的人才特色。连续 13 年被中宣部、教育部和共青团中央联合授予“全国大学生社会实践活动先进单位”①。

由于 3 人是大学生农村创业的核心人物，以下仅是对他们 3 人的基本背景介绍，更为详细的资料将贯穿分析机会识别的各个因素中。

王中华，安徽安庆人，是安徽科技学院市场营销教育专业在读大四学生，也是在小岗村创业的 3 名大学生中唯一的男生，目前任小岗村食用菌合作社理事长。王中华一家 4 口，有一个大他 3 岁的姐姐，目前父母在无锡的一家钢铁铸件厂打工。目前大学生创业得到了各界的高度重视，王中华经常作为代表做报告，如 2007 年 4 月 13 日在北京人民大会堂举办的由共青团中央、全国学联等部门组织的“青春的选择——优秀大学生农村创业巡回报告团”的首场报告会，王中华即作为当选的优秀大学生代表做了汇报。

周盘龙家在江西九江的一个普通农村，父母务农，常年耕作家里 10 亩梯田，因为她家属于丘陵地带，耕作更需要精细，不适合机械化操作。家境不富裕，父母一直很辛苦。家里还有姐姐和弟弟。周盘龙的父母理解她，支持和尊重她的想法，也没有给她太大的压力，这与一同创业的王中华与苗娟的父母有着很大的不同。事实上，周盘龙成绩非常好，是村里第一个大学生。但是即使这样，她的父母也是一如既往地支持女儿的选择，相当的不易。周盘龙表示自己也考虑过失败的风险，但是这个机会太难得了，宁可在年轻的时候尝试一把。

苗娟的家在安徽淮北的一个小县城里，家境并不富裕，父母经营着一个小杂货店。苗娟有个大她十多岁的哥哥。值得一提的是，苗娟的父母目前都住在蘑菇大棚旁边的一自建的简陋小窝棚里，父亲为苗娟的创业放弃了在家的小卖铺生意，来到小岗村一住就是几个月。苗娟是家中最小的孩子，没什么负担了，对这样一个小女儿，父亲是宠爱有加，不能眼睁睁看着没有任何种农活经验的她受苦，现在是完全顺从苗娟的意思。

6.3.2.2　普通大学生的基本信息　除了 3 名大学生的个案分析之外，本研究还随机对

---

① 资料来源：安徽科技学院网站 http：//www.ahstu.edu.cn/mainweb/.

安徽科技学院的80名大学生进行问卷访谈。需要说明的是，之所以选择安徽科技学院的学生，有如下因素：首先是基于调查的便利，小岗村和安徽科技学院同在安徽凤阳境内；其次3名大学生是安徽科技学院的学生，通过调研，我们初步得出的结论是去农村创业与所在学校的学科设置有一定关系，而安徽科技学院正是一个农科专业设置比较全的本科学校，因此具有一定的可信度。

剔除数据不完整的问卷，共回收有效问卷59份，问卷有效率是73.75%。以下对这59名大学生进行分析，考察影响普通大学生机会识别的因素有哪些，并与3名创业大学生进行比较，考察这3名大学生与普通大学生有何区别，从比较的角度看这3名大学生机会识别的影响因素。

样本的基本特征用专业、性别、年龄、年级、家境及上大学之前户籍所在地进行描述。其中，女生占44.07%（26人），男生占55.93%（33人）。上大学之前为农业户口的占比59.32%（35人），非农业户口的占比40.68%（24人），样本基本符合学校的基本情况，安徽科技学院的农村生源占多数。专业有13个类别，分别是中文、汉语言文学、公用事业管理、财务会计、农学、动物医学、生物技术、英语、园艺、法学、市场营销教育、电信、中药学，如表6.23所示。

表6.23　普通大学生专业的描述性统计

专　　业	样本数（人）	百分比（%）	累积百分比（%）
中文	5	≈8.47	≈8.47
汉语言文学	2	≈3.39	≈11.86
公用事业管理	7	≈11.86	≈23.72
财务会计	3	≈5.08	≈28.80
农学	4	≈6.78	≈35.58
动物医学	2	≈3.39	≈38.97
生物技术	3	≈5.08	≈44.05
英语	3	≈5.08	≈49.13
园艺	3	≈5.08	≈54.21
法学	7	≈11.86	≈66.07
市场营销教育	14	≈23.73	≈89.80
电信	2	≈3.39	≈93.19
中药学	4	≈6.78	100.00
总计	59	100.00	

我们调查了 3 个年级的学生，其中四年级最多，占比 49.15%；三年级其次，占比 35.59%；二年级最少，占比 15.25%。调查大学高年级的学生更具有代表性，因为高年级同学面临着就业或深造的压力，一般会对自己的将来有一定的预期。在这 59 名学生中，年龄最小的是 18 岁，年龄最大的是 24 岁，平均年龄 21.76 岁。

6.3.2.3 普通大学生机会识别统计 机会如何测量？机会识别如何去量化？实证研究中有用机会识别的种类与数量来衡量的（Hills et al，1998）。Dean A. et al（2005）补充了机会识别的测量方法，他们认为仅仅用机会的种类和数量衡量是不够充分的，在实证研究中加入了机会的新颖性。Pia Arenius et al（2005）在实证中问了受访者一个问题：今后六个月里，您在居住地是否有发现创业的好机会？回答：1 表示有，0 表示没有。

借鉴 Pia Arenius et al（2005）的方法，让受访学生回答如下问题：你在大学期间是否有创业的冲动？1）有想法当时没有实现；2）有并已经开始创业；3）没有。为了统计方便，我们将回答 1）与 2）的学生的答案计为 1，回答 3）的学生计为 0。统计结果是，有 21 名学生没有识别任何创业机会，38 名学生识别到创业机会，表 6.24 我们将部分学生识别的机会进行简要的描述。

表 6.24 部分大学生识别的创业机会统计

编号	大学生识别的创业机会
B70	开店
B45	集资办厂
B46	开连锁情侣网吧
B42	饰品店或餐饮店
B44	花店、咖啡店或服装店
B50	书店
B66	回家自办企业
B77	制作公司
B75	食品专卖超市
B53	网络写手
B49	律师事务所

（续）

编号	大学生识别的创业机会
B78	小鸡孵化厂
B59	工艺品零售店
B57	咖啡屋或 DIY 小店
B47	文化产业方面
B76	无资本的业务中介
B37	服装商场
B14	种植双孢菇大棚

6.3.3 教育对大学生回乡创业机会识别的影响分析

由于大学生是一个特殊的群体，属于受教育程度较高的“精英”，除了受教育年限较长之外，高等学校还为大学生提供专业知识教育，因此，在这一部分，我们主要考察高校对大学生的影响与他们识别农村创业机会是否有关系。另外，因为这里研究的是创业，所以我们也考察大学生接受学校创业教育的指导，对他们识别创业机会是否有影响。

从理论上来说，专业知识与创业教育属于创业研究中的已有知识（prior knowledge）。不少学者验证了创业者的已有知识对他们识别创业机会有着重要的作用。Shane（2000）通过对大量的新技术创业公司的案例分析，发现新技术信息对于有着丰富知识背景（包括供应商的信息、销售技巧的信息及资本配置需求的信息）的创业者具有深远意义，有助于创业者快速识别市场机会。Shane 提出一个关于已有知识与机会识别的概念模型，该模型有三个重要的推论：个体所拥有的有关市场的知识将会影响其进入何种市场；个体拥有的关于如何服务市场的知识将会影响其如何服务市场；个体拥有的关于顾客问题的知识将会影响其开发出何种产品与服务。

Venkataraman（1997）认为个体独特的已有知识构成了知识走廊（knowledge corridor），它是机会识别的重要因素。不同学者对已有知识进行了不同的分类，Sigrist

(1999) 指出影响机会识别的两类以往知识是特殊兴趣和产业知识，特殊兴趣是一种基于兴趣领域的综合知识；而产业知识是基于产业特性的，它的来源除了自身磨炼，还包括长辈、朋友以及指导人的建议，多渠道的知识汇聚了创业者的知识域。这个分类也是目前引用率最高的，不过这一概念模型的实证研究尚未出现。还有学者将已有知识归为经验（Aandrew C. Corbett，2005）。

既然大学生的性格特征并没有对他们识别创业机会产生作用，而学者也证明了已有知识是机会识别的重要因素，因此本部分，主要考察了高等学校带给大学生的“已有知识”——专业知识与创业教育的作用，究竟这些因素是否对他们识别创业机会有影响。

6.3.3.1　专业知识　3 名创业大学生，周盘龙和苗娟的专业是生物技术，与食用菌相关，背景知识使得他们对双孢菇的种植技术有所了解；王中华的专业是市场营销教育，与食用菌根本没有任何关系。针对专业知识对创业的作用，我们设置了如下问题，回答如下：

◆　你认为你所学的专业对你有帮助吗？

1）非常有帮助；2）有很大帮助；3）一般；4）没有太大帮助；5）没有一点帮助

◆　如果对你的创业有帮助的话，那么你的专业在哪些地方有帮助？

◆　创业之前对现在从事的行业有所了解吗？

1）很了解；2）有所了解；3）不是很了解；4）一无所知

◆　当时知道这个行业的市场前景如何吗？

1）知道；2）不知道

苗娟与周盘龙的专业是一致的，均为生物技术，不过回答差异很大。周盘龙认为专业知识对她创业有很大帮助，因为他们种植的双孢菇大棚就是与食用菌相关，而她的专业课程中正好学过不少有关食用菌的课程。不过苗娟觉得专业没太大作用，虽然课堂中老师所教授的食用菌种植的操作过程大致懂得，但是实际操作起来，与书本中相差太大。王中华的专业是市场营销，他认为专业对他的创业作用是“一般”。对自己的专业背景，王中华有着自己的想法，除非那种技术性相当强的专业，否则专业对将来的工作并没有太严格的限制。王中华说他的优势不是种蘑菇，而是利用这个机会做一番事业，比如把市场做大，在小岗村成立深加工公司，并非单纯靠收购。针对以上四个问题的具体回答见表 6.25。

表 6.25　专业对 3 名大学生的影响问题及回答

问　　题	王中华	苗娟	周盘龙
专业	市场营销	生物技术	生物技术
你认为你所学的专业对你有帮助吗？	一般	没太大帮助	有很大帮助
如果对你的创业有帮助的话，那么你的专业在哪些地方有帮助？	种植方面没有作用，将来扩大市场的时候或许能用得上	懂操作过程，不过书本知识与实际相差太大	与食用菌相关
创业之前对现在从事的行业有所了解吗？	很了解	很了解	很了解
当时知道这个行业的市场前景如何吗？	知道	知道	知道

59 名学生的问卷中，有同学表示他们 3 人到农村创业是由于专业的优势，而其他的专业，与农业不相关的专业或许就不适合到农村创业了。如问卷编号为 B48 的同学对 3 名大学生创业的看法是，是个模范，但是具有局限性，只能适用于特定专业，而对其他专业却不适用，比如法学。

虽然有的同学认为到农村创业与所学的专业有关，不过对 3 名大学生的调查并没有说明专业与创业有必然的关系，学生物技术的两名同学的回答并不一致，苗娟甚至认为专业作用不大，学市场营销的王中华认为虽然现在种植双孢菇自己并没有技术，但是在将来蘑菇深加工时应该能够有所作用，周盘龙虽然学习生物技术，对将来蘑菇的市场前景也有自己的想法，她也想学习并利用市场营销知识，增大蘑菇销路。

6.3.3.2　创业教育　创业教育课程在安徽科技学院是选修课，王中华和苗娟均选修过该课程，不过均认为创业教育对他们创业所起的作用一般。而周盘龙根本就没有选修过创业课程。为了证明大学里所开设的创业教育课程对大学生创业是否能起到作用，我们对 59 个学生考察了如下问题：

◆学校有没有开设创业课程？

1）有；2）没有；3）没听说过

◆你认为学校开设的创业课程对你的创业或将来的创业有帮助吗？

1）非常有帮助；2）有很大帮助；3）一般；4）没有太大帮助；5）没有一点帮助；6）不知道

其中，22 名学生认为学校没有开设创业课程，有 15 名学生认为没有听说过创业课程，这部分学生占总数的 63%。可以看出虽然目前高校已经开设创业教育课程，不过效果却不容乐观。针对大学生对创业教育的态度的统计结果如图 6.7 所示，大部分学生（29 人）认为创业教育课程对创业或者将来的创业所起的作用是一般的。因此，目前中国大学的创业教育尚需改进。

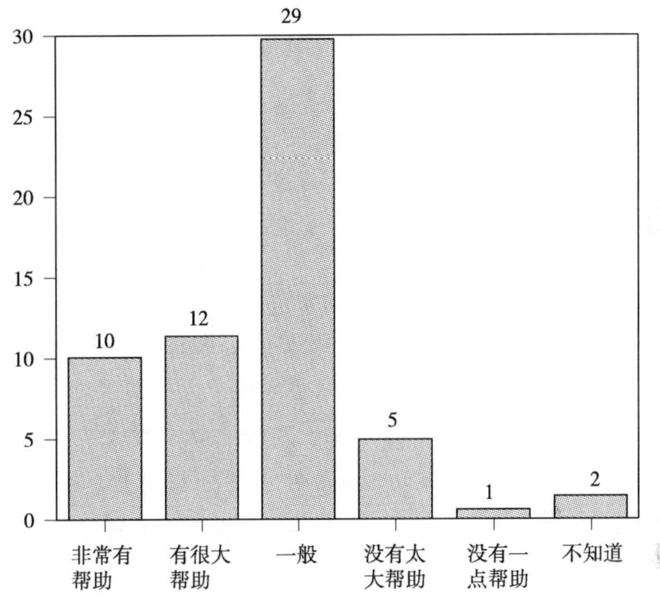

图 6.7　大学生对创业教育的态度

6.3.3.3　在校期间接受的社会化教育　大学的时候，学生所接受的社会化教育经历主要有两种：兼职和实习的经历，社团与班干部的经历。在这一部分中，我们主要分析这两种经历。3 个人共同的特点是大学期间甚至高中的时候就做过很多兼职和实习，沟通能力是比较强的，不过班干部或社团的经历不是很多。周盘龙和苗娟认为兼职和实习对她们创业所起的作用很大，不过社团的作用一般，2 人均参加的是“健美操协会”。王中华参加的是“市场营销协会”，他说这个协会对他的改变是巨大的，通过在协会活动中不断的演讲，逐渐接触很多人，因此他认为实习以及社团活动对他创业都有作用。

在实习及社团活动方面，王中华都得到过锻炼。大学期间，王中华担任过班干部，像生活委员和团支书，不过他讲这些班级工作很没意思。另外，王中华还在大一

的时候加入学校的市场营销协会，这个协会对他的影响也是非常的大。在协会中，王中华通过多次的演讲、自我评价，逐渐接触了很多人，慢慢改变了自高中以来的害羞的性格。他说自己能迈出第一步是个相当大的进步，第一步迈出去了，以后与人沟通的能力进一步的提高便是顺理成章的事情，这验证了一句老话“好的开始是成功的一半”。

除了社团活动，王中华还参加过一些公司的实习工作。他曾经在凤阳的德力集团任经理助理一职。值得一提的是2005年的暑假，他只身一人去南京打工，本打算自食其力考验自己，但是却不小心把手机丢了，为了生计，他刷盘子度日，这样在南京待了整整24天，最后不但没有达到最初赚钱的目的，反而亏了200元钱。这个经历令笔者触动，有想法而且肯吃苦，非一般大学生可以做到，由此联想到建大棚这个相当繁琐而且耗费体力的工作，王中华也坚持了下来。

——自访谈案例1王中华

周盘龙是班里兼职最多的学生。大学期间，周盘龙做过两份家教，担任过《英语辅导报》的总代理，这份工作对她锻炼比较大，她需要和分代理联系，操作过程及销售方式，都是以前从未经历过的。周盘龙很能吃苦，高三毕业的暑假期间，她甚至在酒店做过服务员。2005年暑假，周盘龙跳出学校，找了两份工作：第一份是凤阳县剑桥少儿英语辅导班，第二份是在新华保险公司卖保险。对这样一个当时没有多少社会经验的女生来说，卖保险这份工作给她带来的是与社会接触的途径。她坦言自己在新华保险没怎么赚钱，不是因为自己不努力，而是不懂得技巧。当周盘龙跑了很多家商店之后，一个好心人给了她建议：“我们开小店的一般也没多少家底，一般都不想买保险，你卖保险最好找那些真正有可能买的人。”她恍然大悟，这应用在管理学上就是细分市场。

这些经历对周盘龙的影响很大，她说自己通过实践增强了与人交流的能力，也逐渐锻炼了观察人的能力。

——自访谈案例2周盘龙

上大学之后，苗娟在凤阳县江淮大药店工作过一个月，当时该药店刚开张要招合伙人，苗娟看到告示之后就去了。这一个月中，她做了两件事情：布置办公室和推销药品。后来因为不了解药品这一行业而且看不到前景，于是作罢。

在校期间，苗娟还做过一些其他的工作，如家教、卖报纸（《英语周报》和《英语通》)。她还去苏州打过工，做过收银员和饮料厂的质检。

这个家里最小的孩子并不娇惯，反而十分能干。

——自访谈案例 3 苗娟

为了证明兼职或实习与班干部或社团活动对大学生创业是否能起到作用，我们对 59 个学生考察了如下问题：

◆大学期间的兼职或者实习的经历对创业有什么作用？

1）很大作用；2）比较重要的作用；3）一般；4）作用不大；5）没什么作用；6）不知道

◆大学期间担任的班干部或者在社团任职的经历对创业有什么作用？

1）很大作用；2）比较重要的作用；3）一般；4）作用不大；5）没什么作用；6）不知道

图 6.8 显示，学生对兼职和实习的作用总体评价好于社团和干部的作用。共有 42 人认为实习的经历对创业起着很大以及比较重要的作用，有 14 人认为社团或者干部的经历对创业起着很大以及比较重要的作用。总的来说，3 个大学生的案例以及对 59 个学生的统计说明，相比于社团或者班干部经历的作用，实习以及兼职的经历对于大学生识别创业机会更为重要一些。

6.3.3.4　鼓励大学生回乡创业的关键事件　3 名大学生创业的关键事件有两个：一是学习生物技术的同学有一天的实习的机会，去凤阳县城东的蘑菇大棚处参观；二是当 3 名学生有最初创业想法的时候，凤阳县城东的蘑菇大棚主人——凤阳县挂职干部张超带给他们小岗村创业的优惠政策信息，有了这个政策，3 名大学生才得以有资金创业。

第一个事件，学习生物技术的同学有一天的实习的机会，去凤阳县城东的蘑菇大棚参观，即具有获取信息的优越渠道，这类似于信息特异性的概念。信息特异性是奥地利经济学派（Austrian economics）的观点，其中有代表性的观点来自 Hayek、Kirzner、Kaish 和 Gilad，他们共同持有的假设是，市场是拥有不同信息的人组合而成的，信息特异性使部分人看到了他人看不到的东西——机会。

在本案例中，周盘龙和苗娟的专业是生物技术，与农业联系紧密，为了将书本知识与农村生产结合起来，学校经常组织该专业学生深入农村，了解和掌握农业知识，将专业知识应用于农业生产。在周盘龙和苗娟大二下学期的时候，有一门课是何华奇

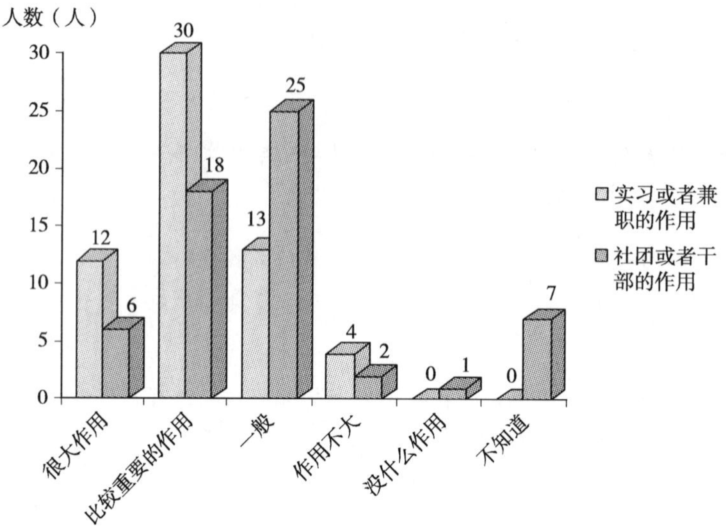

图 6.8　大学生对兼职和实习以及社团和干部对创业作用的评价

教授讲授的《发酵工业学》，其中有一部分内容是关于食用菌技术的。授课之余，何教授带领学生到凤阳县城东双孢菇食用菌基地进行为期一天的实习，接触到其他专业学生接触不到的信息，周盘龙和苗娟也初步了解到了双孢菇的种植技术与市场前景。信息特异性是一种信息不对称的表现，即“部分人看到了他人看不到的东西”。学生物技术的同学有机会参观双孢菇大棚，而其他专业的同学不具备获取这些信息的渠道。正因为有了这次接触实践的机会，长期对“三农”问题有着思索的周盘龙才意识到，这是一个适合在农村创业的好项目。因此，生物技术的学生到凤阳县城东双孢菇食用菌基地进行为期一天的实习，是大学生到小岗村创业的机会识别的起点，也是重要的因素。

第二个事件，凤阳县城东的挂职干部张超是三人创业的关键人物。首先张超是大学生实习指导老师，大学生课程实习就是去的张超的双孢菇基地。周盘龙等人意识到双孢菇是可以在农村推广的好项目时，主动联系过张超几次以了解双孢菇的详细资料。大学生们苦于无法去推行这个产业，因为没有资金与门路，甚至去什么地方创业都一无所知。张超得知大学生的创业决定之后，将小岗村的信息告诉了他们：凤阳县为了加快社会主义新农村建设。选择“大包干”发源地的小岗村等地作为试点，实行贴息贷款、政府补贴等优惠政策，吸引农民群众和社会力量大力发展双孢菇栽培等种植业。

6.3.4　创业环境对大学生回乡创业机会识别的影响分析

创业环境可以划分为外界环境以及群体因素两部分，其中外界环境包括宏观创业环境、创业项目本身，即“机会本身的因素”；群体因素，即创业者周围的群体对他们创业的支持，因为对于创业者本人来说，无非受到由客体环境与主体环境的影响，主体创业环境即客观存在的、一般的宏观环境，客体创业环境即创业者周围的人对他的影响，如图 6.9 所示。

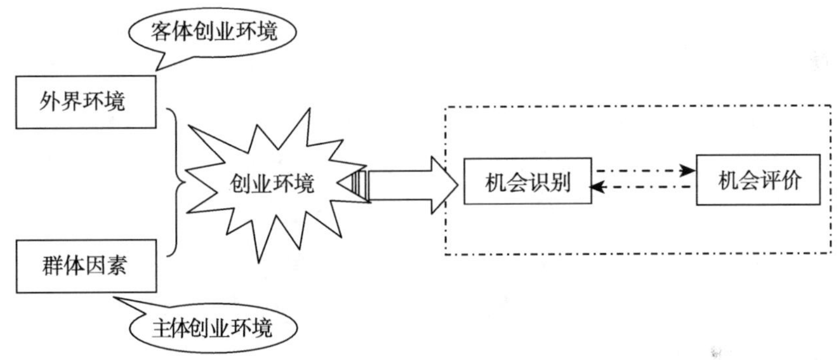

图 6.9　创业环境对创业机会识别的影响框架

本研究以安徽省凤阳县小岗村创业的 3 名大学生的创业情况为例，分析外界环境与群体是如何各自影响大学生农村创业的机会识别过程的。

6.3.4.1　外界环境因素与大学生回乡创业

6.3.4.1.1　社会经济条件——小岗村基本情况　小岗村位于安徽省凤阳县东南约 20 千米处的一个海拔约 50 米，略有起伏的岗地上，因地貌起伏不大，因此，被称作“小岗”。距县城 40 千米，隶属小溪河镇，由小岗、大严两个村民小组组成[①]。距京沪铁路 5 千米，省道 307 线 13.5 千米，明光、临淮两个淮河航运码头 20 余千米；现有 108 户 476 人，劳动力 180 人，初中以上文化程度 150 人，其中大学文化 5 人；耕地面积

① 小岗村是于 1993 年 3 月才正式建立的农村“村”一级行政区划，在 1978 年 12 月实行包干到户时，称“小岗生产队”，简称“小岗队”、“小岗”，相当于今日小岗村中的小岗村民组。资料来源：夏玉润. 2005. 小岗村与大包干 . 合肥：安徽人民出版社 .

120 公顷，人均耕地 0.32 公顷，其中承包耕地面积为 71.33 公顷。2005 年人均纯收入 4 000 元[①]。

6.3.4.1.2 小岗村双孢菇项目的由来 周盘龙和苗娟大二下学期的时候，有一门课是何华奇教授讲授的《发酵工业学》，其中有一部分内容是关于食用菌技术的。授课之余，何教授带领学生到凤阳县城东双孢菇食用菌基地进行为期一天的实习。凤阳县城东双孢菇食用菌基地，是张超在凤阳县府城镇教场村带领部分农民进行实验的基地。张超是凤阳县委组织部选派干部，2004 年 2 月被选派到府城镇教场村任党支部第一书记。

凤阳县教场村地处城郊，基础设施落后，经济发展困难。张超任职之后，经过深入调研决定先从群众反映强烈的热点问题入手，然后就决定调整产业结构，帮助农民致富。另外，选派单位县委组织部也多次召开会议帮助张超分析形势，选择产业发展方向。经过多方走访、考察与论证，鉴于张超本人毕业于安徽农业大学食用菌专业，从而选定了双孢菇这个“节地型高效农业”作为富民重点推广项目。

双孢菇项目起步阶段是艰难的。2004 年 6 月，张超动员了 5 户农户发展双孢菇生产，并远赴金寨、山东帮助农户采购毛竹等原材料，建起了 5 个双孢菇大棚。然而由于当年市场行情不好，加之菌种也不适宜，到秋菇结束，每个大棚产值仅 6 000 元。这样一来，菇农们都不愿意再干了。就连村干部们也都不愿意干。张超将这一情况向县委常委、组织部长於惠作了汇报，於惠认为双孢菇项目是可以继续发展的。於惠的观点是，张超可以先把双孢菇产业搞成功，作为示范，最终让群众看到效益，成功以后再带着群众干。

当张超把自己带头种植双孢菇的决定告诉村民时，6 户村民决定跟着张超一起种植。2005 年 6 月，张超先后从信用社协调贷款 45 万元，解决了自己和 6 户农户发展资金短缺问题，自己带头建起了 11 个双孢菇大棚。之后他又去山东、河南甚至福建考察市场，寻找销路，聘请双孢菇技师，付出了艰辛的劳动。这一次双孢菇种植非常成功，2005 年，27 个大棚总产值达 43.8 万元。

同样是选派干部的小岗村党委第一书记沈浩带着村民来到教场村参观考察，也准备在小岗村调整产业结构，发展双孢菇生产。张超和沈浩向县委领导汇报了这一情况。县委决定由张超到小岗村进行示范。

---

① 数据资料来源：《凤阳县小岗村社会主义新农村建设情况汇报》。

然而，由于缺乏资金和怕担风险，一些想发展双孢菇的小岗人举棋不定。张超和沈浩及时将这些情况向县委、县政府领导做了汇报。县委、县政府出台了《关于发展双孢菇生产的若干意见》，以鼓励村民发展双孢菇产业。在该政策中，明确了发展双孢菇产业的农户享有的优惠，包括：①财政贴息贷款，发展双孢菇生产的农户，每新建一个标准棚（450 米^2、使用期为 5 年），可向当地信用社申请贷款 10 000 元。②财政贴息，贴息期限为 2006 年 1 月至 2010 年 12 月底。政府无偿补贴扶持资金：2006 年每户新建一个标准棚财政补贴 6 500 元；2007 年每户新建一个标准棚财政补贴 5 000 元；2008 年每户新建一个标准棚财政补贴 3 000 元；以后政府不再无偿补贴扶持资金。③在双孢菇生产规划区内的水、电、路等主干道建设费由县政府承担。

6.3.4.1.3　三名大学生选择小岗村创业项目　安徽科技学院的 3 名大学生王中华、周盘龙和苗娟的创业活动始于 2006 年春天。在周盘龙和苗娟大二下学期的时候，有一门课是何华奇教授讲授的《发酵工业学》，其中有一部分内容是关于食用菌技术的。授课之余，何教授带领学生到凤阳县城东双孢菇食用菌基地进行为期一天的实习。在这里，学生们和张超进行了详细的咨询。当时周盘龙便认为双孢菇是一个适合在农村发展的产业，之后周盘龙等人又多次咨询城东食用菌基地负责人张超，通过张超了解到双孢菇的成本和收益状况。张超告诉他们种植双孢菇的成本主要是在第一年，大概每个大棚要 12 000～14 000 元，而且当年可以收回成本，并且小岗村会为每个大棚提供 6 500 元的补助。周盘龙说，即使没有补助，当年可以收回成本也是值得尝试的一个项目。之后几个学生还调查过凤阳县临淮和枣巷的双孢菇大棚，进一步增加了实际了解。3 个人经过详细的调研，对双孢菇的成本收益进行了分析，并预测了市场前景，觉得这是很可行的一次尝试。

最初因为没有资金，3 名大学生只想搞小规模的实验尝试，不过张超表示反对，建议他们扩大规模，然而对于大学生来说，资金是限制他们创业的最大难题。后来经张超介绍，凤阳县小岗村有生产发展专项基金，种植双孢蘑菇可获得每个大棚 10 000 元的无息贷款和 6 500 元补贴，但是该专项基金仅小岗村村民才能享受，因此有意通过种植大棚创业的学生必须将户口落到小岗村。最终有几位学生因为家人反对户口转为农业而退出，之后周盘龙又邀请同宿舍的同学苗娟加入，这样周盘龙、苗娟和王中华 3 个人开始了创业。

他们 3 人承包了安徽省凤阳县小岗村的 6 亩土地，并得到县里 13 万元的贴息贷款，建起 9 个大棚生产双孢菇。除了 3 人的 9 个大棚之外，张超和部分小岗村村民共

建立了 35 个大棚。

2006 年 10 月底，秋季双孢菇开始收获，直到 12 月下旬全部结束。仅这一季菇收下来，苗娟的大棚产值就达到了 36 000 元，周盘龙为 27 000 元，王中华为 22 000 元。根据双孢菇的生长规律，春季菇的产值将更高。

表 6.26 是 2006 年 11 月份双孢菇产值高峰期 3 名大学生与小岗村村民产量的统计表。

表 6.26　2006 年 11 月小岗村双孢菇产量统计

姓名	建棚数（个）	产量（千克）	产值（元）	棚均产值（元）
吴怀银	2	4 661.6	22 374.2	11 187.1
温孝勤	2	4 870.7	24 488.7	12 244.35
韩德刚	2	3 370.6	17 137.5	8 568.75
徐大山	2	4 563.6	22 105.8	11 052.9
韩德春	1	2 650.9	12 762.7	12 762.7
韩德勇	1	2 262.6	11 356.8	11 356.8
徐家友	4	8 923.4	43 337.6	10 834.4
周盘龙	3	5 374.8	26 034.4	8 678.13
苗娟	3	6 760.3	32 272.8	10 757.6
王中华	3	4 020.3	19 739.5	6 579.8
张超	12	21 914.3	109 260.8	9 105
合计	35	69 373.1	340 870.8	9 739

资料来源：小岗村双孢菇协会提供。

6.3.4.1.4　其他外界创业环境

6.3.4.1.4.1　政府的政策　在小岗村发展双孢菇产业方面，凤阳县政府出台了《关于鼓励大学生到小岗村创业的实施意见》① 的文件，文件中明确了指导思想“鼓励支持各类人才到小岗村发展创业，给小岗村新农村建设注入新的活力。通过各地大学生到小岗村发展创业的示范带动作用，强化小岗村村民的创业发展理念，提高小岗村村民的综合素质，形成全民创业的良好氛围，促进小岗村加快发展”。在这之前，凤阳县也推出了“全民创业”的大举动，以促进凤阳县经济发展，2006 年出台了《关于大力

① 凤发【2006】33 号文件——《关于鼓励大学生到小岗村创业的实施意见》。

推动全民创业的若干意见》。为了更好地了解大学生创业在政府方面获得的优惠政策，下面收录了《关于鼓励大学生到小岗村创业的实施意见》，从中可以看出小岗村为了吸引大学生到农村创业做出的努力。

凤发【2006】33 号文件《关于鼓励大学生到小岗村创业的实施意见》

指导思想：鼓励支持各类人才到小岗村发展创业，给小岗村新农村建设注入新的活力。通过各地大学生到小岗村发展创业的示范带动作用，强化小岗村村民的创业发展理念，提高小岗村村民的综合素质，形成全民创业的良好氛围，促进小岗村加快发展。

扶持大学生到小岗村创业的具体措施：

鼓励与支持发展现代农业，尤其注重引导扶持双孢菇产业。到小岗村发展双孢菇产业的大学生（全日制大专以上）享有以下扶持政策：

财政贴息贷款：每新建一个标准棚（450 平方米、使用期为 5 年），可向当地信用社申请贷款 10 000 元，财政贴息。贴息期限为 2006 年 1 月至 2010 年 12 月底。

政府无偿补贴扶持资金：2006 年每新建一个标准棚财政补贴 6 500 元；2007 年每户新建一个标准棚财政补贴 5 000 元；2008 年每户新建一个标准棚财政补贴 3 000元；以后政府不再无偿补贴扶持资金。

每人最多只能享有 5 个大棚的财政贴息贷款和无偿补贴扶持资金。

在双孢菇生产规划区内的水、电、路等主干道建设费由县政府承担。

建棚所需土地由小岗村党委负责协调流转，费用由用户承担。

发展双孢菇以外的其他农业产业，政府优先立项支持。

小岗村党委负责免费安排住宿。

大学生及其到小岗村创业的家庭其他主要成员享受新型农村合作医疗待遇，保险费用由财政负担。

根据本人意见，户口可入在县域内任何乡（镇），并可随时办理转、迁手续。

个人档案由县人事局人才交流中心代为保管，不收取任何费用。

组织、人事部门负责对在小岗村发展创业的大学生进行考核，对表现突出者可纳入后备干部管理。

对在小岗村新农村建设中做出突出成绩或贡献大学生，县委、县政府给予表彰奖励，并积极推荐上级党委、政府给予表彰。

办理贷款、财政贴息等操作办法依据县委凤发【2006】32号文件精神执行。

6.3.4.1.4.2 对创业资金的支持 对于3名大学生来说，创业资金是创业的关键因素。王中华表示，当初他们3个只是想租借或者建一个或者半个棚子尝试一下，不过指导老师、凤阳县委挂职干部张超告诉他们对于建双孢菇大棚来说，规模小，效益就不可能实现，然而对于3个普通的家庭均在农村的大学生来说，如果要建成成规模的大棚，无疑是不可能的。小岗村作为新农村建设的试点，为那些愿意发展双孢菇产业的尝试者提供了一系列资金的优惠，主要有财政贴息贷款和财政补贴。财政贴息贷款，每新建一个标准棚（450米^2、使用期为5年），可向当地信用社申请贷款10 000元，财政贴息，贴息期限为2006年1月至2010年12月底；政府无偿补贴扶持资金，2006年每新建一个标准棚财政补贴6 500元，2007年每户新建一个标准棚财政补贴5 000元，2008年每户新建一个标准棚财政补贴3 000元；以后政府不再无偿补贴扶持资金。每人最多只能享有5个大棚的财政贴息贷款和无偿补贴扶持资金。因此，对大学生来说，创业不仅免除第一年建大棚的土地租金，而且每人还可获得每个大棚10 000元的贴息贷款和6 500元补贴。

6.3.4.1.4.3 有形基础设施的可得性 建立双孢菇大棚，需要一系列配套的基础设施，比如水、电等。创业者之一周盘龙说："为了解决我们创业的资金困难，政府提供了贴息贷款和资金补贴，并且投入资金完成了水、电、道路等基础设施建设，为我们创业节省了大量资金。村里还为我们解决了食宿等问题。正是由于社会各界的鼎力相助，我们才挺过了最艰难的创业起步阶段。"

事实上，在本案例中，对创业资金的支持与有形基础设施的可得性均可以在创业优惠政策方面反映出来。

6.3.4.1.5 问卷分析 以上我们分几个方面介绍了外部的创业环境，从3名创业大学生的角度来看，他们如何看待外部创业环境？我们在问卷中，有这样两个问题：

◆为何选择在小岗村创业？

1）小岗村的名气大；2）小岗村有合适的创业项目；3）小岗村有吸引人才的措施；4）小岗村有资金上的优惠

◆如果类似的村庄也有适合创业的项目以及优惠措施？你会怎样选择？

1）依然在小岗村创业；2）在其他村和在小岗村创业没什么不同

针对第一个问题，3 人无一例外均选择了 2)、3)、4) 选项。其中王中华特别指出，他只看项目本身是否有前途，并非名声。当然不能否认小岗村的名气与后面 3 个选项有关联，因为其特殊的背景，小岗村确实得到了各级政府的扶持，但是对于他们 3 人敢于冒风险在未毕业之时创业，是由双孢菇项目的前景、小岗村优惠的政策决定的。而在凤阳县其他地方是没有这样的资金和土地优惠的，2006 年当 3 人经由张超推荐来到小岗村的时候，小岗村的专项基金仅对本村村民适用，资金障碍是大学生创业的重要问题，因为小岗村有这样的政策，3 个人就义无反顾放弃城市户口落户小岗村了，这是凤阳县其他任何地方所不能提供的。

在第二个问题的回答中，3 人均表示在其他村和小岗村创业没有什么不同。因此，从外界创业环境这一因素可以看出，吸引大学生到农村创业首要的是提供优惠的资金支持，营造良好的创业环境以吸引那些真正想到农村创业的大学生。

除此之外，我们对 59 名普通大学生进行了有关对外界创业环境的调查，探讨究竟怎样的创业环境能够吸引大学生创业，大学生最看重怎样的外界环境。因为本研究的创业地点涉及农村，所以在问题中我们涉及了创业地点的选择，即在城市创业还是在农村创业，问题如下：

◆如果有创业想法的话，你会选择在农村创业吗？

1) 不会，我更喜欢在城市创业；2) 会的，我想回农村帮助农民致富；3) 不一定，如果有好的机会，我会去农村的；4) 目前还没想好

◆你觉得如果在农村创业，你希望在什么样的农村创业呢？(可以多选)

1) 交通便利；2) 生活设施齐全；3) 与外界信息畅通；4) 其他

◆对于创业，您认为自己最缺的是哪方面的条件？(可以多选)

1) 资金；2) 社会经验；3) 企业运作及管理经验；4) 专业知识；5) 没有合伙人；6) 其他

需要说明的是，这 59 名学生中，并不是所有的人都对创业有兴趣，有 81.36％的学生表示将来有创业的想法。在创业地点的选择上，除 59 人有 11 人没有创业想法之外，在 48 人中，选择选项 3)“不一定，如果有好的机会，我会去农村的”的占大多数，比例为 66.67％，而抱着一定去农村创业，目的是帮助农村致富的学生比例为 14.58％，明确选择在城市创业的学生比例为 14.58％。为了寻求大学生对创业所在地点是农村的期望，我们设计了如下问题：“你觉得如果在农村创业，你希望在什么样的农村创业呢？(可以多选)”，经过分析，认为“与外界信息畅通”这一点最为重要，

其次是交通便利，第三是生活设施齐全，另外有两名同学补充了自己的观点，认为自己愿意到“人际关系和谐”与“思想观念好”的农村去创业。在回答第三个问题“对于创业大学生最缺乏的是什么条件”大部分同学认为自己缺乏社会经验和资金。总之，对于大学生来说，有部分学生表示对农村创业有着意愿，一方面是因为有好的创业项目的吸引，另一方面是抱有帮助农村致富的想法。因此，大学生到农村创业，一方面要吸引那些真正愿意到农村的学生，比如 3 名创业的大学生以及那些抱有帮助农村致富想法的学生，另一方面大力发展农村的各方面的基础设施，如交通、保证农村与城市信息的通畅以吸引大学生到农村创业。

通过对上述 3 名大学生参与小岗村创业的外界创业环境的分析，以及针对 3 名大学生和 59 名普通大学生的问卷分析，我们可以得出结论，即对于大学生来说，外界的创业环境对他们识别创业机会来说是至关重要的，具体分析见表 6.27。该表中，显示了针对 3 名创业大学生以及 59 名普通大学生有关外界创业环境的一些问题，对这些问题的回答对应着外界创业环境的每一个方面（社会经济条件、创业项目、创业政策、资金扶持和基础设施），标注“√”的地方则对应着外界创业环境中相应的项目。结果显示，对于 3 名大学生来说，外界环境的五项均是重要的，对于 59 名普通大学生来说，也能得出结论，外界环境对大学生创业有着重要的作用。

表 6.27　外界环境对大学生创业的作用分析

外界创业环境	3 名大学生	59 名大学生		
	为何选择在小岗村创业	如果有创业想法的话，你会选择在农村创业吗	你觉得如果在农村创业，你希望在什么样的农村创业呢	对于创业，您认为自己最缺的是哪方面的条件
社会经济条件	√		√	
创业项目	√	√		
创业政策	√			
资金扶持	√			√
基础设施	√		√	

6.3.4.2　群体因素与大学生回乡创业　创业者的周围群体对他们的影响同样不可忽视。群体因素类似于新经济社会学中的“社会资本”或者“社会网络”的概念。20 世纪 90 年代社会网络理论在国外得到极大的重视，成为企业研究的一个热点领域，原因

是社会网络与企业资源获取、企业成长密切相关。许多学者将社会网络的概念拓展到其他学科，如创业研究中许多学者基于网络的视角研究创业，创业者往往通过社会资源的帮助建立新企业（Aldrich 和 Zimmer，1986），社会网络如何影响个体的创业机会识别（Pia Arenius 和 Dirk De Clercq，2005）。Thomas M. Begley 等人（2005），Young Rok Choi 和 Dean A. Shepherd（2004）也证明了企业家的社会资本与机会识别的相关关系。

在本研究中，我们认为群体因素是指获得来自于其他人的创意、信息，或者得到家人、朋友的鼓励与支持，因而群体因素主要是指创业者是否能够得到周围群体的支持。Robert A. Baron 和 Scott A. Shane 将群体因素作为影响机会识别的三大因素之一。在本研究中，我们主要考察了在一定的外界创业环境下，创业者周围的群体对他们的支持是否与他们识别创业机会有关系。我们主要从学校、各级政府以及家庭的角度来考察。

6.3.4.2.1　学校的支持　安徽科技学院全力支持 3 人的创业活动，并派中国菌物学会会员、安徽科技学院食用菌研究所所长何华奇博士担任指导老师，并对他们创业期间的请假和补课做出专门安排，以保证他们创业和学业得到兼顾。同时，安徽科技学院还把王中华、苗娟和周盘龙的双孢菇栽培列为学院“大学生计划”的实践性课题，予以资助。

6.3.4.2.2　政府的支持　小岗村党委也为 3 人的创业创造了优惠条件，小岗村党委负责免费安排住宿。凤阳县政府也为三人的创业提供了财力以及精神上的支持，发展双孢菇以外的其他农业产业，政府优先立项支持。大学生及其到小岗村创业的家庭其他主要成员享受新型农村合作医疗待遇，保险费用由财政负担。根据本人意见，户口可入在县域内任何乡（镇），并可随时办理转、迁手续。个人档案由县人事局人才交流中心代为保管，不收取任何费用。组织、人事部门负责对在小岗村发展创业的大学生进行考核，对表现突出者可纳入后备干部管理。对在小岗村新农村建设中做出突出成绩或贡献大学生，县委、县政府给予表彰奖励，并积极推荐上级党委、政府给予表彰。在双孢菇生产规划区内的水、电、路等主干道建设费由县政府承担。建棚所需土地由小岗村党委负责协调流转，费用由用户承担。创业者之一王中华说，与凤阳县县长范迪军的座谈，范县长的一席话坚定了他创业的信念，范县长说一方面小岗村有优越的优惠政策，另一方面，对于年轻人来说，要成为智者，要学会经营自己的人生。

6.3.4.2.3 家人的支持 三人的创业都得到了家人的支持。尤其是苗娟的父母。

在大棚的住处，我见到了苗娟一家人。这是一个临近蘑菇大棚搭建的小窝棚，苗娟的父亲和有腿疾的母亲住在这里。2006年夏天，在安徽淮北的父亲得知女儿在小岗村种起了蘑菇，专程来看看，一到村里发现几个几乎没干过农活的孩子把建大棚的原料竹竿等弄得乱七八糟，就待在小岗村不走了。几个月后，苗娟的母亲把家里的小卖铺关了，也住在了小岗村，父母的付出令人感动。

——自访谈案例3苗娟

周盘龙的父母从她小的时候就非常支持她，对女儿的举动，并未反对。而王中华将自己的决定告诉父母之后，父母当时相当反对，在儿子决意到小岗村创业之后，他们也就随着儿子的意愿了。需要说明的是，2006年到小岗村创业的优惠政策如资金、土地等只针对小岗村村民，因此，3名大学生面临着将城市户口迁入农村，成为名副其实的农民的选择，这一点，是相当多的农村父母不理解也不能承受的。虽然3名大学生的父母内心不太愿意孩子再回到农村，但是依旧对孩子的决定表示支持。这些支持是支撑他们创业的一个因素。

在调研中，有些同学本来有着和3名大学生一起创业的打算的，不过因为创业地点在农村，父母坚决反对，使得他们放弃了当初的选择。编号B14的汪海林和王中华是同宿舍的学生，当时他也想种植双孢菇创业，也和王中华、周盘龙等人去向张超了解情况，不过后来他的母亲坚决反对，理由是不希望他和基层领导打交道，是非太多，因为曾经当过村妇女主任的母亲有自己的亲身经历。汪海林表示不想让自己的母亲担心，于是放弃了继续创业的想法。

综上所述，在群体因素方面，创业学生家人、安徽科技学院、凤阳县各级政府的支持，是影响他们识别创业机会的关键因素。

6.3.4.2.4 可能存在的制约因素 在对59名普通大学生的访谈中，部分有创业想法的大学生识别的创业机会绝大部分没有实现。为了初步探讨究竟什么原因影响了这些有创业机会的学生最终放弃机会，我们在问卷中设计了这样的问题：

◆为什么没有实现当时创业的想法？

1）没有足够的资金；2）学业的压力大；3）不敢承担失败的风险；4）其他

答案集中在没有足够的资金和学业压力大两个选项，回答选项1）的占大多数，为63.6%，回答选项2）的为27.3%。该结果与3名大学生选择小岗村创业的原因吻合，选项 1）涉及外界创业环境，3 名大学生得到了小岗村的资金扶持，才得以将创业继续下去，因此，对于大学生来讲，没有足够的资金支持，是不可能实现将既有的创业想法的。选项 2）无法处理学业压力与创业的关系，涉及群体因素。在 3 名大学生小岗村创业的案例中，学校在处理他们的创业与学业的关系方面，提供了相当大的支持，为他们解除了后顾之忧，安徽科技学院派中国菌物学会会员、安徽科技学院食用菌研究所所长何华奇博士担任 3 名大学生的指导老师，并对他们创业期间的请假和补课做出专门安排，以保证他们创业和学业得到兼顾。

因此，从资金和兼顾创业与学业方面，农村良好的创业环境尤其是资金的优惠以及各方面的支持对大学生识别机会是非常重要的，缺乏这两点，大学生即使有创业想法，也制约着这些想法进一步的实施。

6.3.5　大学生回乡创业对社会主义新农村建设及新型农民教育带来的影响

大学生到农村创业到底给农村和农民带来了什么，这样一个现象究竟对社会主义新农村建设的发展和新型农民的教育有无益处？有学者将目前大学生到农村的创业行为与 20 世纪的“上山下乡”运动做对比。“上山下乡”运动以大批知识青年返城告终，而目前的大学生到农村创业又是否达到各方面的预期呢？这都是我们需要考察的问题。

C. H. Gladwin 等人（1990）认为，农村创业（rural entrepreneurship）是农村经济复兴的一个关键。而在我国新农村建设的大背景之下，也有诸多学者认为，农民创业，提高农村的自主创业意识，是新农村建设的根基与关键（谢华忠，2006）。郭军盈（2006）也认为，农民创业是农民增收的一条有效途径，更重要的是改变农村传统生产方式，发展农村新生产力、消除城乡二元结构的大事。因此，我们认为，大学生到农村创业，经济上的复兴固然是重要的，然而对农民观念上的转变的重要性也不可忽视。本研究对凤阳县小岗村的 21 户农民，以及临淮镇胡府村[①] 20 户农民共 41 位农民进行了问卷访谈，考察农民对大学生到农村创业的态度，以及大学生回乡创业对当地新农村建设和新型农民教育发挥的带动效果和作用。

---

① 临淮镇胡府村是市、县两级社会主义新农村建设示范点，全村现有 9 个村民小组，4 个自然村庄，299 户居民 1 284 人，耕地 174.27 公顷。

6.3.5.1 农户的基本信息与创业情况 为了分析大学生在小岗村创业对农民产生了哪些方面的影响，我们对小岗村的21户农民进行的问卷访谈①，问卷涉及农民的基本信息、创业情况以及对大学生到农村创业的评价等方面。

这21户农民的基本信息如下：13名男性，8名女性；平均年龄38岁，其中最小21岁，最大57岁；受访者20名已婚，只有1名未婚；受教育程度从文盲到大专不等，其中小学和初中最多，共占57.14%；所调查的农户中不务农的只有3人，职业分别是大棚的管理者、刚刚从外面打工回乡者和村卫生服务站的站长，另外18人中，大多数是兼业农民，即除了种地之外也从事其他的生产以获得农业外收入。

接下来分析农户的创业情况，采用类似于前面分析普通大学生机会识别的方法，我们主要对农民设置了如下问题：

◆请问您创业过吗？

1）有；2）有想法但没实现；3）没有任何想法

◆当时想的是什么创业点子呢？

◆您觉得是什么原因阻止了您实现自己的创业想法？

1）没钱；2）没技术；3）风险太大，没胆量；4）没有合适的机会；5）家里忙不开；6）其他

其中没有任何想法的有8人，有过想法的农民（包括创业过的）占61.9%。这一数据并不低，可以认为，在小岗村有创业想法的农民或者说有潜在创业意识的农民有一定的比例。为了更为清晰地将农户的创业状况呈现出来，现将详细信息以表格的形式列出，见表6.28。我们可以看出，有想法没实现的人与没有任何想法的人在原因上没有太大差别，如没钱、没技术、风险大、忙不开等。在农村有创业想法或者点子的农民如果仅仅将想法停留在大脑中，是无法真正达到创业的目的的。而阻碍他们实现创业想法的原因是资金、技术、抗风险能力，说明现有的创业环境无法真正帮助农民实现自己的创业想法。

① 需要说明的是，小岗村的人口规模较小，除去外出打工者，剩余村民并不多。本研究调查的21户农民虽没有遵循严格抽样调查，但是能够获得到我们所得的关键信息，即对大学生创业的态度。

表 6.28　小岗村村民创业情况

分　类	编号	具体项目	原　　因
创业过 7 人	X03	做服装	
	X04	/	
	X07	农机修配	
	X08	销售小五金电器	特色种植业
	X17	养殖泥鳅，酿酒	特色种植业
	X20		
	X21		
有想法没实现 6 人	X02	养猪	家里忙不开
	X05	/	没钱，家里也忙不开
	X06	卫校毕业想开诊所	没有考到资格证，没经验也没能力
	X10	/	没技术、合适的机会，风险太大
	X15	建立工厂	没钱
	X16	/	不敢冒险
没任何想法 8 人	X01		觉得自己没有能力
	X09		没钱、家里忙不开
	X11		/
	X12		/
	X13		地多，离不开
	X14		没钱、没技术
	X18		家人身体不好，需要照顾
	X19		打零工的收入已经足够

注：“/”表示农民拒绝回答或者无法获知答案。

另外，绝大多数受访的小岗村村民都认为与其他村庄相比，小岗村是适合创业的，占比 81%，原因是政府的政策倾斜和扶持。我们的疑问是：一方面农民有一些创业想法，而另一方面村民承认政府给予小岗村大量的扶持，为何实行“大包干”、小

岗村解决温饱之后，其经济多年来没有强劲的表现呢？这其中固然有多种因素，如地理位置偏僻、人才匮乏等，但范迪军（2004）总结了两点重要因素：改革的动力渐趋减弱，发展的源动力不足。本书的观点是，小岗村的经济多年没有发展起来的一个重要原因是缺乏适合村民参与的创业项目，比如20世纪80年代以来，小岗村确实引进了一些工业项目，如1993年，小岗村就成立了“小岗村农业实业总公司”，以期引进项目办企业，壮大集体经济。在这个公司的运作下，引进了不少项目和资金，一些带有“小岗村”名字的公司先后成立，但最终或者半途夭折，或者工厂建在村外，村民没有得到任何好处。类似的项目引进了不少，但是村民生活依旧没有多少改观。小岗村作为典型的中国农村，村民也有着传统的小农意识，如我们分析的抗风险意识差、缺乏资金等，然而，农民只要意识到一个好的创业项目以及有着带头人，还是能够改变其创业意识的，在小岗村创业的大学生的到来即带给村民一些思想上及行为上的改观。

6.3.5.2　大学生到小岗村创业带来的影响　在调研中，我们发现3名大学生的创业给小岗村带来直接的影响即是带动了一批村民和其他的大学生创业。3名学生的创业给村民带来了生产积极性，与大学生一起进行双孢菇创业的有7户小岗村村民。3名大学生还联合全村11位蘑菇种植户，成立了小岗村食用菌专业合作社。合作社负责统一采购菌种等原材料，统一产品销售，统一对食用菌生产户进行技术培训、指导。这也给大学生带来了一股农村创业的潮流，安徽科技学院又有多名大学生报名，打算到小岗村扎根。在这部分，我们主要从农民的角度考察大学生到农村创业给他们带来怎样的影响。

为了详细了解3名大学生到农村创业给小岗村村民带来的影响，我们对这21户小岗村村民进行了如下开放式问题。

◆你有没有听说过安徽科技学院的3名大学生在凤阳县小岗村创业的情况？

1）有；2）没有

◆你觉得他们三个来之后对村里带来什么样的变化？

◆你怎么看待这三名大学生？

◆你怎么看待这三名大学生在农村创业这一现象？

◆你是如何看待大学生创业这一现象的？

根据村民的回答，我们发现只有一名村民对大学生到小岗村创业的事情闻所未闻，其他20名村民均对这3名大学生到农村创业表示了自己的看法，根据他们对上述问题的回答，我们对其余 20 名村民的态度划分为 4 个等级，从积极到消极依次如下：①积极的带动作用，表现在农村确实感受到了大学生的影响，而本身也付诸行动了；②认为他们的到来有着积极的作用，但是没有付诸任何行动；③中立态度，没有觉得这个事情与自己有什么关系；④反感。除了 4 个等级，还分析了农民对他们各自态度的原因。具体信息见表 6.29。

表 6.29　小岗村村民对大学生创业的态度分析

评价等级	编号	对大学生创业的评价	影响的表现/反对的原因
积极 付诸行动	X21	带来致富信息，产生轰动效应	种植大棚
	X22	带来了创业的精神	种植大棚
	X04	思想得到转变	劝说外出打工的儿子回村创业
积极 未付诸行动	X18	震撼作用	/
	X01	认同、带动作用	/
	X02	他们很努力	农村需要大学生，需要科技
	X05	示范和带动作用	/
	X07	示范作用	/
	X08	示范作用	/
	X17	有一定带动作用	报名的人多了
中立	X10	现在大学生来的多了	年轻人应该闯闯
	X06	没什么变化	农村生活不方便
	X09	多了几个大棚而已	/
	X11	引起关注，不知道他们的目的	/
	X12	引起关注，不知道他们的目的	/
	X14	多了几个大棚而已	/
反对	X15	多了几个大棚而已	发展工业是关键
	X16	带来了信息	要发展还是要去城市
	X13	没什么作用，图名声	农村没有出路，办工业才能长久
	X19	不理解，为了名声	/

注：“/”表示农民拒绝回答或者无法获知答案。

从表 6.29 能够清晰看出小岗村村民对大学生创业的态度，在我们调研的 20 名农民中，有 3 个村民认为 3 名大学生创业给他们带来了很大的影响，思想带来了转变的

同时也付诸行动，自己也种植起了双孢菇大棚。除此之外，也有 6 名农民对 3 名大学生创业行为表示赞同，给予了积极的评价，不过目前没有表示有任何创业打算。7 名农民持中立态度，4 名农民表示反对，认为大学生到农村创业根本就不能有助于农村的发展。接下来，我们详细分析农民的态度。

6.3.5.2.1　积极影响　20 名农户中，3 名已经付诸行动，其中 2 名在 2006 年也种植大棚，另一名劝说其外出打工的儿子回村创业（编号 X04）。3 人均表示，大学生的到来对他们来说是一种震撼，给他们带来了思想的转变。

编号 X04：该村民今年 40 岁，姓关，男，已婚，初中文化程度，除了种地之外，他还是"大包干"纪念馆的厨师及水电工，经济水平在小岗村处于上等。有两个儿子，大儿子在外地打工，小儿子上初中。由于小岗村的特殊的政治地位，前来参观调研的大学生不少。关师傅说："以前的大学生来了后就讲大道理，村民都不爱听，现在这几个孩子用实际行动给我们很大的震撼，太感动了。"三个大学生如此能吃苦，看到周盘龙干活的时候将胳膊摔断了还坚持劳动，关师傅说了自己的心里话："小岗村得到外来的扶持很多，很多村民不愿意劳动，现在不能再这样了。"于是，关师傅坚持把在外面打工的大儿子叫回来一起创业，打算为小岗村的发展做出自己的努力。

农民有着强烈的小农意识，不愿意冒风险，在外来新事物的面前，很多人持观望态度，但当农民亲眼目睹一个新的项目可以为他们带来收益的时候，他们便会立即付诸行动，上述案例（编号 X04）在农民群体中具有一定的普遍性。在小岗村有 7 名与大学生一起创业的农民，重点访谈了两户（编号 X21 和编号 X22）。其中，编号 X22 常年外地打工，回小岗村创业也是受到大学生的影响。

编号 X22：女，45 岁，已婚有一子，与丈夫常年在滁州和常熟打工。2006 年 6 月回家乡之后，看到大学生在小岗村种蘑菇搞得热火朝天，夫妻俩算了成本和收益，觉得很合算，而且种蘑菇能够学到技术，蘑菇可以加工，有市场前景，于是将自己的 4 个大棚盖在大学生附近，决定把蘑菇事业干起来，不再出去打工。

除了上述两位直接受到大学生创业冲击而产生行动的村民之外，还详细访谈了小岗村的另外一名村民，建立大棚的第一人（编号 X21）。

编号 X21：

小岗村村民温孝勤访谈——具有较高创业意识的村民代表

继 3 名大学生建立大棚之后，温孝勤是七名投资建立大棚的小岗村村民之一，并且是第一个缴纳双孢菇苗种押金、第一个购买建造大棚的原材料稻草和牛粪的村民。12 月 15 日下午，当我在向小岗村党委史书记访谈的时候，他走进村委，坐下来和史书记讲了些他自己对于建立大棚的一些意见。对于一个普通的农民能有如此全面深刻见解的，在我这几年农村调研的经历中尚属首次，这引起我强烈的兴趣。于是，我和温孝勤约好当天晚饭后与他做一次较为详细的交流。

基本情况

温孝勤今年 27 岁，已婚，妻子将要临产，初中毕业。现在在小岗村“大包干”纪念馆做保安，月薪 500 元。除此之外，家里有 4 亩地，其中 1.6 亩种植葡萄，今年收成不错，葡萄收入达 3 000 元。

今年建了两个大棚，共投资 4.1 万元，其中财政贴息贷款 2 万元，自行投资 8 000 元，政府无偿补助 1.3 万元。

原材料十分紧张，温孝勤主要从临近的明光市官店镇购买牛粪，价格为 0.36 元/千克，较之前有上涨。另外，稻草价格也上涨，达到 0.20 元/千克。

谈到当初为何创业，做了村民中第一个吃螃蟹的人，温孝勤说张超对双孢菇的经济效益进行了核算，保证产量和收入，自己也对建大棚的成本和收益进行了周密的分析，觉得这是一个非常好的赚钱的机会，同时家里人对此也十分的支持，于是就义无反顾地建起了大棚。

个人特质——创造性和敢于冒风险

与温孝勤聊天的过程中，很明显感觉到他是一个非常有想法的年轻人，善于思考，而且踏实肯干，因此无论在种植葡萄还是现在的双孢菇大棚，他都做得有声有色。当保安之前，温孝勤曾经在农闲的时候和一个朋友一起捉虾。凤阳县的普通小虾是该地方的一个特产，味道鲜美，因而有不少农民业余捕虾以赚取收入。温孝勤说：“别看是普通的小虾，我们俩人也是捕得最多的。”捕虾的过程中他总爱想些点子，如何才能捕得多，比如网一定要结实牢固等。另外，在种葡萄的时候，由于他的勤奋肯干，葡萄长势喜人，而当时大部分村民却失去了最初的兴趣，根本不清楚将来葡萄是否能够赚钱，于是许多葡萄园都长满杂草。看到这个情况，温孝勤经过了思想的挣扎：到底要不要向当时负责葡萄技术的张主任提些建议？如果去的话，其他村民或许会误以为是自己的葡萄长得好了，闲得无聊，如果不去的话，那大部分葡萄园荒芜了怎么办？后来温孝勤还是去找了张主任，将自己的想法讲给他听，说小岗村村民的依赖思想比较严重，因此他们对种植葡萄积极性并不高，为了改变这样的情况，可以通

过奖励的方式对个别种植葡萄产量高的村民加以奖励，以提高整体村民的积极性。这一建议得到张主任的重视，随后向上级领导汇报后最终采纳了温孝勤的建议。这一措施实施了两年，现在，葡萄已经成为小岗村农业主导产业之一。

温孝勤经常读书，他说对以前学过的商鞅变法的故事印象相当深刻。我想，这也是他能有与别的村民不同的先进意识的原因之一吧。

与我所访谈的绝大部分农民不同的是，温孝勤说自己很能闯、胆子也大。当我问他如果给他两个选择，一个是风险较大收益较高的工作，另外一个是风险较小收益也较低的工作，他会选哪个，他毫不犹豫地选择了前者。这次调研中，我共接触了 41 户农民，温孝勤的回答是为数极少的，他说选择风险大的工作更能够体现能力。

温孝勤经常和住在小岗村的三个创业的大学生一起玩，打羽毛球，和年轻人打成一片，性格开朗。他说这三个大学生的行为对他来说是种震撼。温孝勤的朋友非常多，他也坦言自己很喜欢交朋友，这些朋友资源在他今年的创业中对他帮助不小，购买建造大棚原材料的稻草和牛粪都是通过朋友关系。

谈到 2007 年的打算，温孝勤说计划在原来的基础上再建 5 个大棚，考虑雇人干。衷心祝福他。

许多创业的研究表明，学历是影响人们发现创业机会的因素之一，在温孝勤身上，没有找到印证。与预想的农民大多已经成家，家庭观念非常浓，不愿意承担风险的预期也是不同的，温孝勤已经成过家，并且将要做父亲，但是家人对其创业行为表示了巨大的支持。或许，从个性方面能够得到最佳的解释，温孝勤过去的经历表明，他成为第一个发现小岗村双孢菇大棚创业机会的农民，不是偶然。然而，我们从温孝勤经常喜欢和大学生交流可以看出，他对知识分子是怀有羡慕与信任的感情的，他自己也表示，当大学生来小岗村创业的时候，更加坚定了他本人创业的信念。

与编号 X04 相比，温孝勤在农村属于点子多实干型，也就是说是所谓的“能人”，这一类农民在农村不是很多。不过大学生的到来给他们带来了新的信息，他们信服知识分子，如果计算成本收益觉得创业可行，而且同时知识分子也在创业，这对他们来说，是吃了定心丸。因此，我们同样认为，编号 X21 与编号 X04 一样，大学生的到来，对他们产生了积极的作用，而且他们也付诸行动。

6.3.5.2.2 其他评价 见图 6.10，除了划分为评价等级 1 中的 3 名农户之外，持积极态度但目前没有任何行动的有 6 人，这些人认为大学生的到来给村里带来了示范作用，他们对大学生也都持钦佩和友好的态度，认为他们能吃苦。持中立态度的有 7 人，也是 4 部分比例最高的，他们认为大学生的到来只是多了几个大棚而已。而反对者的理由是基于他们的经历以及对农村发展的看法，编号 X19 的农民说大学生的到来是为了名声，他自己没有从农村赚到钱，也不相信农村有好的发展出路。编号 X13 的农户同样反对，他的理由是，农村不是长久发展之计，不是明智的选择，经济收益小，大学生来创业只是图个名声，如果大学生要创业的话，可以试试工业，但不倾向于农业和农村。

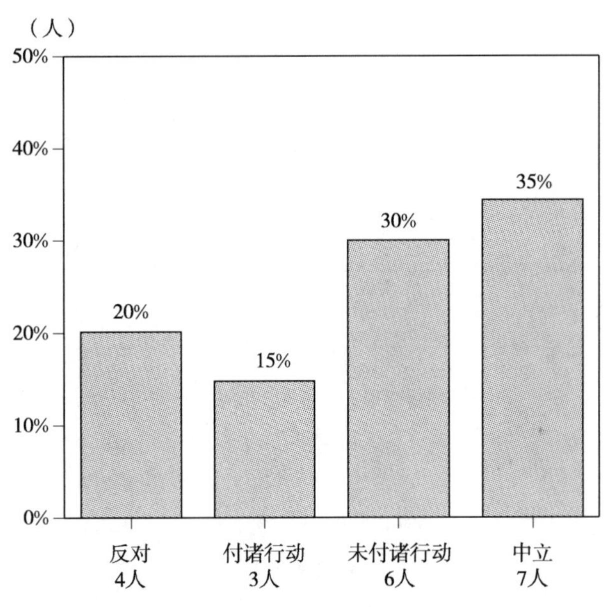

图 6.10 小岗村村民对大学生创业的评价

在小岗村，反对或者持中立态度的农民的理由有两种：一是觉得农村的发展应该立足于工业，工业是根本，认为农业没有出路；二是对农村与城市的差异感受深刻，觉得农村根本不能发展，要发展就要到城市。其本根本的原因是目前农村的凋敝、发展空间不足。而究竟发展工业还是发展现代农业，不是本研究需要考察的。

除了小岗村村民，我们还对凤阳县临淮镇胡府村的 20 户农民进行了问卷调查，补充说明农民对大学生创业的态度。有 4 个关键的开放性问题：您有没有听说过 3 名大学生到小岗村创业的事情？您对此事的评价如何？如果您自己的孩子读大学您愿意让

他回农村吗？原因是什么？村民的回答见表 6.30。

表 6.30　胡府村村民对大学生创业的态度分析

编号＼问题	您有没有听说过3名大学生到小岗村创业的事情？	谈谈您对此事的评价	如果您自己的孩子读大学您愿意让他回农村吗？	原　因
H01	没有	/	不愿意	农村没有赚钱的机会
H02	没有	暂时的	不愿意	城市条件好
H04	没有	起了带头作用	不愿意	农村没有收入
H07	没有	/	不愿意	城市能赚钱
H08	没有	起了带头作用	不愿意	农村发展空间有限
H09	有	类似知青	不愿意	城市条件好
H10	有	/	不愿意	城市能赚钱
H11	有	起了带头作用	不愿意	学农业之外的专业要去城市
H13	有	值得提倡	不愿意	/
H15	有	/	不愿意	/
H16	有	对学农的大学生是个出路	不愿意	/
H17	没有	暂时的	不愿意	希望去城市
H19	没有	/	不愿意	农村没有发展机会
H20	没有	欢迎，但是去城市更好	不愿意	农村无出头之日
H03	没有	很好，既带动农民创收，又解决就业	愿意	/
H05	没有	/	愿意	为家乡做贡献
H06	没有	/	愿意	能赚钱就好
H12	没有	/	愿意	带动家乡发展
H14	没有	/	愿意	/
H18	没有	农村需要大学生	愿意	哪里都能赚钱

注："/"表示农民拒绝回答或者无法获知答案。

表 6.30 中，大部分胡府村农民没有听说过小岗村来了创业的大学生的事情，不过大部分农民对这件事情的看法是积极的态度，但是当问及一个涉及自身的问题"如果您自己的孩子读大学您愿意让他回农村吗？"70%的农民说不愿意，理由是农村没有

赚钱的机会以及城市的条件好。这个问题反映了农民对城乡的真实态度。这与小岗村对大学生到农村创业持中立态度的村民的理由是一致的。

可见，农民对大学生到农村创业的态度是复杂多样的，除了积极的带动作用之外，部分村民对创业持怀疑态度是正常的。他们对农村的发展有着自己的想法，对城乡隔阂有着深切的体会，改变农民的态度，尚需时日，这需要农村的全面的复兴。

6.3.6　结论及政策建议

本研究通过对 3 名大学生农村创业机会识别进行详细的分解，提出一些对高校及政府等方面的政策建议。

对高校来说，可以为大学生创造更多接触社会的机会与途径，使学生在课堂学习之余多与实践相结合。3 名大学生因为特定的专业需要及学校具有与实践相结合的授课方式，使得他们有机会也有可能接触到更多的信息，这一点对于引导大学生创业来说是非常重要的一点，也是学校本身可以努力做到的，即挖掘更多的使学生与社会接触的机会与途径。

对政府来说，需要做的不是单纯提出一系列的口号来引导大学生到农村创业，关键是如何吸引学生。主要建议有：地方政府或者村庄可以提供良好的创业项目，鉴于大学生普遍缺乏创业资金，政府要保证创业资金的到位，对于那些在学校创业的大学生，学校可以适当提供支持以保证学生创业和学业最大可能的兼顾。

第 7 章　国际农村发展与农村人力发展培训模式的比较与借鉴

7.1　日本农村教育和农民培训的发展及启示

7.1.1　日本农村教育和农民培训的发展阶段

7.1.1.1　第一阶段：单一型农村人才的培养导致农村的“过疏化”　众所周知，日本是一个重教育的国家，农村地区的教育也未受到轻视。日本在 20 世纪 80 年代就普及了高中教育，农村 40%的适龄青年跨进了大学校园，劳动者的素质得到大幅度的提高①。日本农民中大学毕业的占 5.9%，高中毕业的占 74.7%，初中毕业的占 19.4%②。并且在 20 世纪 70 年代就实现了农民职业者和其他职业人员享受同等收入和生活，90%的地区已经消除了城乡差距和工农差距。日本农民经营素质的提高，为日本农村工业化的实现奠定了基础，被外界认为是日本农村工业化的重要标志之一。

但是这一阶段，在实现农村工业化、农民增收和城乡均衡发展之外，对日本农村的后继发展带来了冲击。

一方面表现在大量农村劳动力的流失，特别是年轻劳动力的流失，农村正在逐渐丧失建设型人才。这一时期日本大力倡导和鼓励农村工业化，支持农村劳动力向非农产业的转移，农户的兼业化发展很快。在 247 万个销售农户中，主业农户（相当纯农户）占 22.3%，准主业农户（相当一兼农户）占 25.1%，副业农户（相当于二兼农户）占 52.6%，3 类农户的非农收入占总收入的比重分别为 12.4%、66.4%和 70.7%③。兼业化的迅速发展使得越来越多的农民流出农村和农业生产。据统计，农户由 1960 年的 605.7 万户减至 1970 年的 534.2 万户，农村劳动力也由 1 765.6 万人减至 1 546.6 万人，10 年间减少 220 万人，青壮年劳动力大量流入城市④。90 年代更为

---

① 向洋；贵阳市白云区农村人力资源培训问题研究，贵州大学硕士论文，2007；于培伟，日本统筹城乡共同发展经验值得借鉴，国际商报，2007 - 4 - 10.

② 胡世明，2007. 农村人力资本基本特征及其发展对策 . 闽浙学院学报，3.

③ 杜鹰（中国农业代表团）. 2000. 日本的农业政策改革及其启示 . 中国农村经济，12.

④ 李锋传 . 2006. 日本建设新农村经验及对我国的启示 . 中国国情国力，4.

严重，日本农村出现了劳工荒。1999 年，日本农业就业人口减少到 384 万人，占就业人口的比重从 1960 年的 26.8%下降到 4.7%，农户数量则减少到 324 万户①，新农村建设劳动力匮乏。另外，主要是农村子女中学毕业后进城就职。1959—1965 年，农村新毕业中学生务工人数每年为平均 45.2 万，而每年转向工业的农村劳力 70 万人中有 34 万人是离村的（周维宏，2007）②。

另一方面农业生产受到严重影响，土地粗放经营和撂荒严重。1995 年全国弃耕地达 16.2 万公顷，占耕地总面积的 3.8%，比 10 年前上升了 2%③。

另外，农村人口出现严重老龄化。大量年轻劳动力转移到非农产业，导致农村人口和农业劳动者的老龄化，65 岁以上人口的比重从 1960 年的 6.8%上升到 1995 年的 18.3%，而 65 岁以上人口的比重从 1968 年的 12.3%上升到 1999 年的 46.2%。山区半山区农村人口的老龄化程度更为严重，人口呈自然减少趋势，出现了所谓的"过疏化"现象④。

7.1.1.2　第二阶段：1997 年至今　在日本农村教育的第一阶段虽然实现了农村人才素质的大幅度提高，但出现了人才严重流失。为了解决这一问题，日本政府开始进行新的农业政策改革，以期振兴农村，改善农村劳动力匮乏的状况。1999 年 7 月，日本国会通过了新的《食品·农业·农村基本法》（以下简称"新基本法"），同时废止了 1961 年制定的《农业基本法》（以下简称"旧基本法"），这一时期被学者称为战后尤其是 20 世纪 60 年代以来日本农业政策最重要的调整时期。

新基本法首先强调农业的可持续发展，即解决在旧基本法体制下耕地被过多占用或弃耕、农业生产后继乏人等棘手问题。为此，农林水产省制定的到 2010 年的计划中提出了 13 条具体措施，其中包括培养农业人才，提高其技术水平和经营管理能力，并积极培养新的农业劳动者。其次是振兴农村，促进不同地区及城乡的协调发展，主要是为了吸引年轻人留在农村和新的农业劳动者进入农村。日本有关方面负责人认为，日本每年需要 2 万名 39 岁以下的新农民才能维持目前的农业规模，而 1990 年这个数字只有 4 300 名。为此，政府采取了很多措施，包括在城市设立农业学校，招募农业从业人员⑤，建立了全国性的农业教育、农业科研和农业实验网络，据统计全国有专门培养专业农户的农业大学 60 多所，中等农业技术学校 600 多所，并有各种形式的农

①③④⑤　杜鹰（中国农业代表团）. 2000. 日本的农业政策改革及其启示. 中国农村经济，12.
②　周维宏 . 2007. 新农村建设的内涵和日本的经验 . 日本学刊，1.

业技术进修和培训组织①。

日本农民的职业技术教育，是在根据《农业改良组合法》创建的农业职业学校进行的。目前，日本全国有 52 个农业者大学，旨在培养承担现代农业经营、贡献于社区农业振兴的农业后继者，具体培养目标如下：培养发展农业高新技术、专业化农业、现代化农业经营所需的技术、管理、经营、组织能力；培养能维系现代化农家生活所需的家庭经营能力；培养能适应不断发展变化的经济、社会的开阔视野和合作能力。学校的特点是：学生先到学校农场和农户劳动，亲身体会后再学习技术、经营、管理等知识，边实践边学习是最大特点；通过学生全员住进集体宿舍，加深友谊，培养合作精神，逐步使学生关心和热爱农业；教师来源主要是农业推广机构的专门技术员、改良普及员、农业试验场职员，教学内容与当地推广的技术、社区农业、经济紧密结合，教师要始终通过实践起到表率作用。学生生源是高中或同等学历毕业后独立从事家庭农业，经高中校长或所在地区农业改良普及所长推荐的学生，学制为 1 年至 2 年。学校设置的主要学科是农业、园艺、畜牧、经营、生活等②。同时，日本注重培养中坚农户，并以培养策划、组织管理、判断、收集信息能力，创新、创造合作精神和企业家精神等方面的培训为重点。日本农业者大学校共同的特点是实行学生全员住进集体宿舍的制度、注重实践的教学模式和学生边干边学③。

改革取得了初步成效。到 1998 年，日本新农民已上升到 1.1 万人，其中有8 900 人是从其他产业转回农业的④。日本农林水产省的官方资料显示，日本 39 岁以下的新型农民比 15 年前翻了一番，2004 年达 1.2 万人，其中女性约有 3 200 人，与 20 世纪 90 年代初仅有 1 000 名女性农民的状况相比，至少增加了 2 倍⑤。但是日本的离农化趋势并未得到根本扭转，农村人才依然匮乏。日本政府正在想办法解决农业人才匮乏的问题，采取了一系列振兴农业的改革措施，主要策略是改变原来对分散经营的农业生产者进行普遍资助和一律保护的政策，采取重点和集中资助的做法，培养农业精英，形成集团优势。此外，在综合改革措施方面，提到要加强城乡之间在人员、物资、信息等方面的双向交流，促进城市与乡村在自然资源与环境、良好的饮食和生活

---

① 社会主义新农村建设需要培养新农民，吉林省农村固定观察点办公室．陈静．发布时间：2007－07－27.14：43.

②③ 李水山．2005. 日本的农民教育与培训．农村．农业．农民（A 版），4.

④ 杜鹰（中国农业代表团）．2000. 日本的农业政策改革及其启示．中国农村经济，12.

⑤ 日本现代女性经营“世外桃源”《大众科技报》2005/02/24.

方式等方面的共有、共生与和谐发展；培养热爱农业并精通农业的突出人才为经营主力（李水山等，2006）。

7.1.2　日本农村教育的主要做法与经验

日本政府在《关于农业改良普及事业的提案》中曾明确指出："实现农业现代化的前提条件是，提高农民的技术和能力……要想提高农民的技术和能力，就必须依赖于办教育。"对于日本的农村教育我们感受最深的莫过于日本农民的高素质。

7.1.2.1　完善的农业技术推广体系是日本农民接受农业技术知识教育和培训的重要渠道　日本与我国同样是人多地少的国家，但是日本农民在现代化农业技术的掌握和农机具的使用方面表现出较高优势，这很大程度上归功于日本完善的农业技术推广体系。日本高度重视农业技术教育、研究和推广事业，在其《关于农业改良普及事业的提案》中明确提到："以提高农户的技术和能力为主要目的开展的工作就是农业改良和推广工作。"因此对负责从事推广工作的专门的技术员和改良普及员制定了严格的预备资格条件和岗位规范，即受过中、高等教育或具有多年从事推广工作的技术人员经考试合格才有资格担任这类工作，而且有多种学历的人所占的比例越来越大。目前担任这种工作的人员几乎都是短期农业大学以上学历的人，骨干人员多半是硕士研究生以上学历。此外，受过多年教育，且有技术职称的人是否都能深入到农户，且真正胜任这种繁重的技术推广工作，还要有科学、规范的制度来保证。从事农业技术普及培训的专业人员享受公务员待遇。历史上日本曾动用警察，强制农民接受农业技术和知识，即从中央到地方靠强制的行政手段实施所谓的"劝农政策"。战后，则改为依靠农民要求和农业的需求，通过民主、自愿、有效、灵活的方式开展推广工作。日本政府在 1991 年对《协同农业普及事业指南》进行了全面修改，把加强推广组织和提高推广人员的素质放在首位。1994 年日本有 591 个"地域农业改良普及中心"，有 668 个经国家考试的专门技术员，经地方考试、全国通用的改良普及员有 10 356 人。农协的近 2 万名营农指导员与普及中心密切配合开展工作。政府拨款的技术推广经费 352 亿日元，占农业预算的 1.2%①。

在 1955 年以前，日本的推广人员的推广工作主要有两个关键：培养会思考的农

① 李水山，赵方印.2006. 农民教育研究. 南宁：广西教育出版社.

民；“现场至上”“和农民紧密结合”。自1955年以后，根据日本《农业基本法》，推广工作内容变得更为丰富，不仅要进行种植业的技术指导，还要同时完善流通、金融体制，调查和指导市场经济，做好区域农业的综合计划，加强与农业有关的行政机关、研究机构、社会团体、公司企业的横向联系。专门技术员和普及员、营农指导员都要定期进修深造提高素质。专门技术员每隔3年进修1次①。

7.1.2.2 农业教育机构的广泛设立为日本打造了高素质的农业后备人才 农业教育机构的广泛设立，一方面为农业推广体系培养了高素质的技术人才，通过他们将知识、技术传授给农民，另一方面一些农业学校直接培养高素质的农业人才或者对现有农民进行教育培训，共同为日本农业打造了高素质的新型农民。日本的农业教育体制包括农业系统所属的相当于大专层次的农业大学校、教育系统所属的农科类大学或综合性大学里的农学部，以及以农业教育培训为主的部分职业高中。具有1 00万～1 000万人口的都道府县（相当于省一级），除了综合大学农学院，都有1～2所农业职业大学（专科）和1～3所农业高中，有的普通高中也开设农业课程。对农民的职业教育由文部科学省和地方政府农林局共同负责，提供体制和经费保障（李水山等，2006）。这些措施除了提高农民素质外还为日本农业解决了后继乏人的问题。

目前，日本全国有52个农业者大学，其中国立1所，县立48所（基本上每个都道府县都有1所），私立3所，相当于短期大学，以培养承担现代农业经营、贡献于社区农业振兴的农业后继者为目标。学生来源是高中或同等学历毕业后以独立从事家庭农业，经高中校长或所在地区农业改良普及所长推荐的学生，学制为1～2年。农林水产省的农业大学的培养目标是培养振兴社区农业的中坚人才，入学以前经一年农业生产实践，其招生对象为30岁以下、有志从事农业且具有高中以上文化程度的年轻人，每年招生50名，注重人文教育，大部分课程依托校外讲师。各都道府县（地方）农业大学则以培养优秀的农业后继者为培养目标，年招生2 700多名，注重实践教育，有专职教师，主要学科是农业、园艺、畜牧、经营、生活等。八岳中央农业实践大学校等3所私立学校以招收高中毕业的农家子弟为主，年招生30～120名，注重实践教育，有专职老师。除农林省国立大学校无附属农场、聘用校外讲师授课外，其他学校都设有附属农场，有本校专职教师②。在农业大学校的课程中，课堂讲授所占的比重仅为

---

① 李水山，赵方印．2006．农民教育研究．南宁：广西教育出版社．

② 李水山．2005．日本的农民教育与培训．农村．农业．农民（A版），4．

20%～30%，而讨论、实习课为 70%～80%。此外，日本还有农业职业学校 434 所，培养既会种植、养殖又能熟练掌握农业生产经营等相关知识的农业人才。政府还在全国各地经常举办各种形式的短训班，向青年农民传授科学技术知识。日本讲习所的课程设置以实践为主，仅在雨天和农闲时教授文化和技术（李水山，赵方印，2006）。

农科类大学及综合性大学的农学部承担着日本的高等农业教育，纯属农科性质的大学数量较少。如表 7.1 所示，目前，日本的 4 年制本科大学有 604 所，其中国立大学 99 所，公立大学 61 所，私立大学 444 所。设有农学部的大学有 56 所，内涵农学类学部 60 个，为日本农业推广体系培养了大量的技术人才（李水山，赵方印，2006）。

表 7.1　国、公、私立大学农学类学部在校学生、研究生院在校学生、教员数的变化

	学部在校生数（人）			研究生院在校生数（人）			教员数（人）		
年份	国立	公立	私立	国立	公立	私立	国立	公立	私立
1960	17 341	1 847	9 853	634	23	54	—	—	—
1990	33 842	1 535	34 311	5 172	173	603	4 038	243	1 414
2000	31 814	2 594	35 897	9 729	505	1 304	2 956	210	1 168

资料来源：《文部省学校基本调查报告书》（2001 年度）（李水山、赵方印，2006）

2004 年日本全国农业高中或开设了农业课程的高中有 378 所，占日本高中总数的 7%左右。这些学校除了 3 所为私立外，其余均为公立性质。农业高中在开设国家规定的普通课程（国语、数学、外语、理科、公民、地理历史、保健体育、艺术、家庭、信息 10 门科目）的基础上，重点讲授与农业相关的课程。科目设置为 29 个，即农业科学基础、环境科学基础、课题研究、综合实习、农业情报处理、作物、蔬菜、果树、花草、畜产、农业经营、农业机械、食品制造、食品化学、微生物基础、植物遗传技术、动物·微生物遗传技术、农业经济、食品流通、森林科学、森林经营、林产品加工、农业土木设计、农业土木施工、园林规划、园林技术、测量、生物活用、绿色生活（李水山，赵方印，2006）。

7.1.2.3　制定法律法规来贯彻农民教育培训　日本在 1948 年颁布了《农业改良促进法》，在其第一条中就明确制定这一法律的目的，在于使农民获得有关农业经营及农村生活的有益而实用的知识并加以普及和交流，促进与农业相关的试验研究及推广事

业。该法规定各都道府县地方政府须设立从事农业技术普及与培训的专门机构，并规定国家对这项事业予以资助；将国家和地方设立专门机构和人员帮助农民掌握生产及经营技术的事业，称为“协同农业普及事业”。该法对给予农民技术培训事业的经费进行了明确规定，“国家承担农业技术普及推广事业所需经费的一半，由中央财政支付给各都道府县地方政府。具体的支付额度由农林水产省大臣根据各都道府县的农业人口、耕地面积以及下属市、町、村的数量等情况，按照有关政令规定的基准来决定”。此外还对农业技术普及培训事业的内容、机构设置、人员配备等方面做了具体规定（李水山，赵方印，2006）。

7.1.3 日本农村教育存在的问题

日本农村教育虽然在培养高素质的农民方面取得了巨大的成功，但是其并不像我们想象的那样完美。日本农村面临着与我国的新农村建设同样的难题，即农村高素质人才的大量外流带来了城市的“过密化”和农村的“过疏化”，特别是年轻一代的“离农”现象非常突出，导致新农村建设人才匮乏。据统计，农户由 1960 年的 605.7 万户减至 1970 年的 534.2 万户，农村劳动力也由 1 765.6 万人减至 1 546.6 万人，10 年间减少 220 万人，青壮年劳动力大量流入城市①。在本来耕地面积十分稀少的情况下，出现了很多废置的土地（李水山等，2006）。由于日本的农村务农人才匮乏，出现了雇佣中国劳动力在当地务农的做法。据《纽约时报》报道，一家日本农庄有大约 4 400名居民，但其中 615 名是来自中国的临时工，以缓解劳工缺乏问题。5 年前，在日本北海道川上郡，因为没有足够的农民，当地的老农民只得找了 40 名中国工人来救急，签约时长为 7 个月。现在，当地大约有 600 户家庭雇用了中国工人来种地，而且他们希望明年能雇用到更多的外国劳工②。日本农业科的在校生人数不到 11 万，而全国高中学生的总数为 380 万，30 多人中仅有 1 人选择农业科（李水山等，2006），这也是农业人才匮乏的表现之一。因此，在一定意义上，日本农村教育的成功也是造成这一结果的重要原因。

---

① 李锋传 . 2006. 日本建设新农村经验及对我国的启示 . 中国国情国力，4.

② Norimitsu onishi，As Its Work Force Ages，Japan Needs and Fears Chinese Labor，NYTIMES，August 14，2008，http：//www. nytimes. com/.

7.1.4　对我国新型农民教育的启示

7.1.4.1　政府对农村、农民教育和培训的高度重视　日本对于教育的重视已经是世界闻名，很早便普及了高中教育，造就了高素质的农业人才。正如美国著名学者赖甘萧尔在《当代日本人》中强调的那样，现代日本成功最根本的原因是日本的教育制度。第二次世界大战后，为了满足农村义务教育经费的需求，日本制定了一系列的法律，建立了一套完备的教育财政制度。如《义务教育经费国库负担法》《市町村立小学人员工资负担法》《义务教育诸学校设施费国库负担法》《就学困难学生国家鼓励补助法》以及《偏僻地区教育振兴法》等[①]。注重培养农业后继农民，有计划、分层次、有重点地开展农民职业技术教育，主要由农业职业大学和农业高中完成。都道府县不管经济发展规模、程度如何，都设有 1～3 所农业高中、农业职业大学、综合性大学农学部，日本的农业职业高中和职业大学招生规模都不大，严格按实际需求和就业情况而定。农业推广体系的工作人员都是公务员编制，且准入资格非常严格，真正是"高标准选拔，高规格要求"，保证了农业推广体系中工作人员的高素质，更保证了农业科研、技术能够推广传授到农民手中，农民能够获得较好的教育和培训。而在我国，长期以来对于农民的教育培训较为忽视，虽然我国也设有农技推广站，但目前很多都处于低效率运转，甚至半废弃状态，农技推广站的人员也因未受到足够重视而在人员选拔上要求较低，导致农技站工作人员的技能、综合素质不高。在这方面，日本的一些做法值得我们学习和借鉴。

7.1.4.2　通过制定制度、法规将农民教育培训变成一种长效机制　日本颁布《农业改良促进法》及相关法规，不仅对农民教育培训事业的经费进行了明确规定（国家承担这项事业所需经费的一半），而且规定了农业技术培训的目标任务、机构设置、经费来源、人员配置及其待遇等。与日本的农业技术推广体系相关的政策法案有《关于农业改良普及事业的提案》及《协同农业普及事业指南》，其中对于农业技术推广的相关细节都有具体描述。此外，由各级政府农业部门负责管理各地的农业大学校，经费、编制、设施都有保障，确保了对农民教育培训以一种长效机制的状态稳定下来。这一点尤其值得我国借鉴。目前我国对于农民的教育培训缺乏这种长效机制，而是靠

---

① 杨会良，梁巍．2006．日本农村义务教育财政制度变迁与启示．日本问题研究，2．

上级政府的“流水性”政策，经费、培训机构、培训人员等跟着政策文件走，所以经常出现走形式的现象，有点搞“培训运动”的味道。例如，2007 年底本课题组在山东的调查中发现，一些政府推出的农民教育培训项目农民并没有参与进来，甚至很多人都没有听说过。

7.1.4.3 政府在农业教育和教育新型农民方面发挥主导作用 尽管日本的农协等民间团体在农民的教育培训方面发挥着一定的作用，但真正发挥主导作用的是政府。政府从建立农业技术普及体系、设立农业教育机构到提供相关教育培训经费都给予了全力支持，此外，农业学校的管理也直接由各地的都道府县等负责。相比之下，我国政府目前对农业教育培训的扶持力度还需要进一步加强，应该在充分了解农民需求和农村发展要求的基础上，以主体姿态担负起新型农民教育与培训的责任。不仅在农业教育培训机构设立中要发挥主导作用，而且通过出台相关政策进行鼓励引导扶持，在经费投入上也要体现出主体地位，给予支持，同时调动各种社会力量参与进来。

7.1.4.4 完善的农业教育培训体系设置 日本具有完整而系统的农业教育体系，与其相比，我国在这方面明显不足。我国一直以来的教育培训中心都在素质教育，初、高中几乎全部开设的是智识教育课程，课程设计与教材编写与农业生产经营、农村发展和当地的农村实际相脱节。很多在高考中被淘汰的农村青年大部分只能流入城市出卖廉价劳动力，从事技术含量低的工作，实际上是一种劳动力的巨大浪费。华中师范大学刘丹在湖南茶陵县第一、第二初级中学进行的问卷调查结果也表明了我国农村教育在农业教育上的缺乏以及农村青少年对于农业教育的需求。调查中发现 90%的学生都有自己“最讨厌的课程”。学生害怕学习或讨厌学习某些课程的根本原因与该课程的实用价值紧密相关。78%的学生希望在劳技课、活动课上学到更多实用的农业科技知识，使之能对他们以后的工作有所帮助（李水山，赵方印，2006）。我国政府也已开始认识到这一问题。2003 年 9 月 20 日，《国务院关于进一步加强农村教育工作的决定》中提出：“农村中小学教育内容的选择、教科书的编写和教学活动的开展，在实现国家规定的基础教育基本要求时，要紧密联系农村实际，突出农村特色。在农村初高中适当增加职业教育的内容，继续开展‘绿色证书’教育，并积极创造条件或利用职业学校的资源，开设以实用技术为主的课程，鼓励学生在获得毕业证书的同时获得职业资格证书。”

7.2 韩国农村教育和农民培训的发展及启示

7.2.1 韩国农民教育的发展历史与演变

7.2.1.1 20 世纪 70 年代以前的 5 次扫盲教育计划 韩国在开展新村运动之前就已经开始有意识地对农民进行教育和培训，其以农村为中心，大力开展了扫盲文化教育运动和乡土学校运动。“乡村教育运动”的重点在于，提高农民热爱家乡的积极性和改变家乡与生活环境的精神，进行移风易俗教育、科学地经营农业的教育，对从整体上提高农民的素质起到了重要作用。这一运动的开展背景主要是由于日本帝国主义在侵占朝鲜时期实行殖民地愚民政策，朝鲜半岛上的人们绝大部分处于文盲状态。截至 1945 年光复时，占当时人口 78％的是文盲。后来经过扫盲教育，特别是朝鲜战争停战后，从 1953 年起，韩国实施了 5 次“扫盲教育计划”，到 1958 年，12 岁以上人口中的文盲率仅有 4.1％。已经扫除文盲的 12 岁以上的农民还可以继续学习，巩固扫盲成果，提高文化与技术水平。扫盲毕业后可以进入公民初级学校，进而进入公民高中，毕业后亦可以参加高考，合格者可以接受高等教育。扫盲班毕业者也可以进入公民初级技术学校与公民技术高级学校，提高职业技术能力。到 1969 年文盲率仅占人口的 0.9％（孙启林，2004）。而根据我国第五次人口普查数据资料计算，全国 16 岁至 59 岁人口中文盲、半文盲的人数比例是 7.3％，而农民同龄人中的文盲、半文盲的人数比例高达 12.5％（袁小鹏，2003）。

7.2.1.2 20 世纪 70 年代以后，以新村运动为契机的农民教育 开展新村运动之前，韩国农民约占总人口的 60％，居住在农村的约占总人口的 80％，国民生产总值的 40％左右依赖于农业。1965 年农民家庭收入为 150 美元，而农民人均收入为 20 美元，尚处于极其贫穷之状态，生活在贫困线下的农民失去了购买力。由于受教育水平不高，农民们的文化水平低，职业技能差，进城务工也难以适应当时的“劳动密集型”产业的需要，影响到韩国产业现代化的实现。于是韩国政府在 20 世纪 70 年代初在农村发动了“新村运动”。韩国文教部（现教育部）制定了“新村教育”的基础方针与措施：“新村教育课程”要以乡土社会调查为基础的乡土化和解决乡土社会问题为中心进行编写；学习指导要灵活开发与利用乡土社会所有的人力、文化与物质资源，实行多样化；学校要开放所有设施，成为开发乡土社会活动的中心；学校要积极参加乡土

社会的教育与文化运动并在其中起主导作用；以开展新村教育为契机，树立新的学校教育风气，掀起为国家发展而进行教育革新的运动。在当时，加强农村教育是对实现农村劳动力的转移和加快农村城镇化进程，提高包括农民在内的整个国民素质，促进农村经济和社会发展具有奠基意义的工程（孙启林，2004）。

新村运动的第二年起，各地农村纷纷兴建“村民会馆”，并成为长期不间断对农民进行思想教育的主要阵地。村民会馆采取灵活多样的方式向农民灌输正直诚实的价值观，培养农民勤勉、自强、团结和奉献的主人公使命感、集体荣誉感和生活态度，并倡导勤俭节约的生活方式。此外，村民会馆举办各种农业技术培训班和交流会、讨论会，在技术宣传和交流过程中，促进了村民之间合作意识的形成；村民会馆收集了包括农业生产统计资料和农业收入统计资料在内的各种统计资料，方便农民查阅和阅读。更重要的是，村民会馆经常向村民展示本村发展计划和蓝图，使农民增强了参与的积极性和主动性。村民会馆还办起了公共食堂，提高农忙期间的劳动效率。通过村民会馆组织的各种活动，农民还增强了与各级政府同心协力、共同改变农村落后面貌的能力。同时，韩国政府认为新村领袖或新村指导员在运动中的作用重大。1972 年，根据朴正熙总统关于在农村培养立志为家乡建设献身的中坚农民的设想，由每个市郡从推荐上来的 10～20 名骨干农民中选出 1 名，送到最初的农协大学培训 2 周。培训内容侧重于精神方面教育，培训形式由讲座、典型事例发言和分组讨论 3 部分组成（李水山，黄长春，李鹤，2006）。为了加强对新村领袖的培训，相应成立了“新村指导员研修院”，1990 年 1 月 1 日正式命名为现在的“新村运动中央协议会中央研修院”。中央研修院为新村运动培养了大批干部和骨干（张雯，侯立白，许文娟，贾燕，2006）。这一培训中，典型案例发言很受欢迎，学员们喜欢成功农民的故事。为了保证被选作材料的案例学习的有效性，新村指导员研修院必须花费大量的精力去寻找合适的案例。1972—1979 年期间此类宣讲共进行了 77 次（潘伟光，［韩］郑靖吉，魏蔚等，译，2005）。

这一阶段，韩国新村运动中的农民教育培训取得了很大成就，但是也存在一些问题。自 20 世纪 80 年代后期开始农村带头人急剧减少而屡屡遭受挫折与失败。另外，据 1980～1990 年的调查，由于城乡间在交通、住宅、通信、子女教育等方面尚存在差距，韩国的农村人口中 63％的居民表示如有条件就离开农村，排在前几位的理由依次为收入低占 32.7％，子女受教育难占 30.6％，发展前景不佳占 20.3％，农村生活环境差占 9.1％（李水山，2006）。目前，韩国农民人口中 60 岁以上的占 39％，10～20

岁的人口只占 15%（何静，李水山，周志恩，丁钟佑，2005）。每年韩国农业高中的毕业生达到 7 000 名，农业大学的毕业生达到 1 万名，但真正从事农业的毕业生只有 5%（李水山，赵方印，2006）。韩国的农村建设依然缺乏足够的人才，尤其是年轻的农村建设者。

7.2.1.3　新时期韩国农民教育发展的新趋势　为了解决新村建设人才尤其是青年人才匮乏，农民群体老龄化、妇女化现象日益加重的问题，韩国政府推出了新时期农民教育培训的新政策方案。韩国农林部最近决定加大农村人才教育和建设，计划到 2013 年，教育 20 万户中坚农户，其中教育稻作专业农民 7 万户、园艺先导农民 11 万户、畜产专业农民 2 万户，培养 4.5 万名后继农民，引进 5.1 万户新农民（何静，李水山，周志恩，丁钟佑，2005）。加强对生产经营和收入规模大的区域先导型农民领袖的教育。养殖 150 多头牛、80 多箱蜜蜂和 1.3 公顷水田，年纯收入达 3 亿韩元的农民李东霍（音译）是成功的典范（李水山，黄长春，李鹤，2006）。此外，重视对农村青少年的教育培训和引导，使其对农业产生感情、发生兴趣。并以青少年和农业继承者为中心建立了农业承包制。人力不足的农户或不具有现代经营技术的农户将引入委托经营制度，即将体力劳动、机械作业委托给青少年或经农继承者，耕地所有者则转为从事与耕地规模无关的脑力劳动或兼职工作。这时，对受委托农户来说，信息和经农能力成为重要的资本（李水山，2006）。同时，还参考国际上其他国家的做法和经验引入了培训券制度。这是一项以农民教育需求为基础的农民教育制度，是韩国新时期教育制度的亮点。此外，韩国加强了环境亲和型有机农业的教育培训。2005 年 3 月韩国首家环境亲和型大学在忠清南道洪成郡（音译）成立，3 月 5 日首届 100 名学生入学。学制 1 年，教学计划由每周 1 次 3 小时课程、农忙期间的远程教育、4 天的现场教育和 3 天的讨论与发表组成，有农业基础课程、环境亲和基础课程、环境亲和市场课程和农村开发 4 个课程。全罗南道为培养环境亲和型有机农业的精锐人才 CEO，2005 年创办了“全罗南道生命农业大学”，截至 4 月 18 日已经有 40 名学生入学，开始接受为期 1 年的学业教育。教育目标是培养环境亲和型农业的实践和教育的意识强、具有指导能力的当地农民，使其成为先导农民。其邀请国内外最高水平的专业讲师，以增加农民收入为宗旨的风险农业、高科技农业理论与实习相结合，注重现场实习、体验教育培训和参与式学习。全罗南道对该校学员采取国家与道（省）财政优先扶持和优先派往国外研修、体验农业现场等优惠政策（李水山等，2006）。培养农民的韩国农业专门学校申报学生自 1998 年以来一直减少，2004 年降到 1.3∶1，而 2005 年提高到 1.71∶1

(何静，李水山，周志恩，丁钟佑，2005)。

7.2.2 韩国农民教育的主要做法与经验

7.2.2.1 颁布系列法律法规推进农民教育 韩国于1949年12月31日颁布的《教育法》规定了相关农业教育的条例。1963年颁布的《实业高中教育课程》(韩国文教部规定122号)中规定了教育目的，即农业高中以培养作为中坚农业经营者，具有从事农业科学技术工作的实际能力，开展综合农业经营，为区域社会的开发与国家发展作出贡献的人才为目的。根据韩国制订的《产业教育振兴法》(1963年颁布)、《科学教育振兴法》(1967年颁布)、《农业产学合作审议会规定》(1971年制定)等有关法律规定，由韩国政府提供教育实习、设备设施、奖学金、培养农业经营者等方面的经费，使农业教育体制不断发展与完善。韩国无论是在普及初等义务教育，还是在普及初中义务教育时，都首先从农村、渔村开始实施免费的义务教育，为此，韩国还制定了专门法规《岛屿、僻地教育振兴法》(孙启林，2004)。1980年11月韩国政府制定了《农渔民后继者育成基金法》，1981年开始组织实施农渔民后继者培养计划。1990年4月，韩国国会通过了《农渔村发展特别措施法》，为培养农业后继者和专业农户从法律上提供了保证，将农渔民后继者基金更改为农渔村发展基金。1993年12月，修改《兵役法》，将农业后继者定位为产业技能要员免征兵役。1998年提出并由国会通过，2000年1月1日起执行的《农业、农村基本法》有两章三节九条对农民教育做出界定，提出明确规范和要求，尤其是对扶持政策有明确规定，支援包括教育培训。如第三章的第一节对农业专业人才培养有明确的法规条文，明确阐述了对后继农业人才、专业农业人才、女性农业人、经营农业组合法人、农业公司法人、农业相关团体等的教育。2003年12月第4次修订的《农业振兴法》(1962年3月制定)明确规定农村指导事业和教育培训事业是农村振兴厅的职能，其第二条第二、三项分别对农村指导事业和农村教育培训事业的范畴和范围进行了明确界定(李水山，赵方印，2006)。

7.2.2.2 加强对后继农民和专业农民的培养 韩国政府为了缓解农业人口老龄化、妇女化以及农村青少年轻视农业的趋势，非常重视对农业继承人的培养。一方面对农业继承人提供学习机会，让他们到农业院校、农村技术指导站培训；另一方面对农业继承人提供用地与资金扶持，然后再对农业继承人中的优秀者进行培训，提高其综合素质，成为专业农民(专业户)。专业农民培训费的20%～60%由政府扶助，还可得到可观的资金援助，如对粮食生产专业户扶持资金为 2 350 万韩元，4～7 年偿还；对耕地规模化专业户扶持资金为 2 560 万韩元，20 年均等分期偿还；对花卉、蔬菜等专业户扶持资金为 0.5 亿～1 亿韩元，5 年均等分期偿还。这样，专业农民就能发展其产业，取得良好的经济效益（戴洪生等，2003）。

在后继农民和专业农民的选拔上有着科学、量化的体系。作为产业技能要员从业 2 年以上，未满 40 岁的农村青年可申报农业后继者。经营农业 3 年以上，未满 55 岁，具有专业农户应具有的农机具及设施，具有政府规定的最小专业农户经营规模的农民，可申报专业农民。对农业后继者选拔采取“加分选录制”：满分 750 分，其中热爱农业 150 分，有相应学历并接受过培训 150 分，有营农阅历 100 分，有一定的经营规模 150 分，提出未来的生产经营和发展计划 150 分，农村女性 50 分。对农业后继者和专业农户的培养是相辅相成的，统称为农业专门人才的培养事业，大致分为 4 个阶段：第一阶段为选拔阶段，通过宣传教育、父母的劝诱使更多的农村青年人报名，再通过一定程序公开、公平、公正地选录；第二阶段是培养阶段，通过农业院校、培训基地进行有针对性的培训；第三阶段是对创业者的财政援助阶段，通过无偿援助或贷款等形式，提供资助；第四阶段是进一步提高与完善阶段，通过培训、财政扶持、跟踪服务，从农业后继者中培养专业农户。目前已培养了 12 万名农业后继者，其中有 30%成长为专业农户或社区指导员，40%继续努力，15%维持现状，15%流失。除此之外，韩国还组织实施知识农民（先导农民）的培养事业（李水山等，2006），培养“回归农业”的创业型的农民。通过对非农科专业人才、大学生加大职业训练，培养“回归农业”的创业型农民（何静，李水山，周志恩，丁钟佑，2005），是其培养新农民的又一举措。

7.2.2.3　农民教育向青少年倾斜　韩国政府认识到青少年在农村开发事业中的重要作用：未来农业不单纯是体力劳动，更重要的是掌握先进的知识和技术，了解并分析市场信息和经营情况。这说明青少年在农业生产中将发挥很大的作用。青少年要决心务农，那么社会和家庭都应给予支持，使他们安心于农业生产，同时也需要社会对农民这一职业给予高度的评价。努力营造使农民安心于农业的大环境，使每个农民特别是青年农民以高度的责任感，为实现农业先进国这一宏伟目标而奋斗。对农村青少年提出了高要求，不但要掌握生产中的土壤分析、各种品种的栽培管理知识和技能，而且还要掌握计算机管理技能；还需要掌握农业机械、质量管理和流通方面的知识，并具有开拓精神和竞争意识。同时，政府还采取了一系列鼓励、培养青少年留在农村的

措施，努力使青少年安心农村，用自己的聪明才智建设新农村。韩国政府认为必须为他们创造有利于发展的环境。一方面是社会环境：①缩小村庄内部的年龄差距；②承认青少年特有的知识和技术能力；③加强青少年的组织建设；④为了提高经农知识和对社会改革的认识而组织校外教育；⑤完善文化设施，创造不亚于城市的生活环境。经济环境有：①保证经农成果；②办企业时扩大支援；③稳定农产品价格；④大力培养农村开发事业的继承者，使他们具有同时开展农业技术改革和农村社会改革的能力；⑤选定各地区的作物品种和建设栽培区；⑥扩大农业外收入来源以减少劳动力外流；⑦有步骤地将开发事业移交给青少年，增加他们的自尊心和责任心（李水山，2006）。

根据韩国对农村青少年一代的职业观和对开发事业的态度进行的调查，被调查的182名青少年平均年龄为22.8岁，其中中学毕业以下者占39.6%，高中在校生和高中毕业生占57.1%，大学在校生和大学毕业生占3.3%。从职业分布来看农业占81.3%，其他为学生、商业服务人员及公务员。从调查的结果看，决心从事农业工作的人员中，家畜饲养占43.2%，大棚栽培占18.1%，一般农活占17.3%，果树种植占13.6%，苗木、人参培植等占7.8%。以1980年为界，农村青少年的职业观转向农村。从农业外的职业来看，要在农村定居的占28%，这说明很大一部分人向往农村并愿意在农村安家立业（李水山，2006）。这或许是韩国的农民教育所起的作用。

7.2.2.4 韩国农民协会在农民教育培训中发挥了重要作用 韩国的“农业协作合同组织”（简称农协）成立于1961年8月，是全国性分级网络型经济组织，是政府与农民间的桥梁与纽带，主要从事流通事业（农产品产地中心、集货场、冷藏库、包装、销售）、加工事业（有160多个加工厂）、购买事业（肥料、农药、农机、农耕用品，均可送货上门）、生活物资事业、金融事业（银行）、共济事业（意外保险、农村医疗）与指导事业（培训农民、普及推广技术，供应良种，为农民提供报纸、幻灯、录像、光盘等视听教材，传播农业信息，开展国际交流等）。农协的指导事业中有较大比重是对农民进行培训：从培训农民、农民继承人、专业农民、农协工作人员到各级农协的领导；有3～5天的短期培训，也有长期的正规学历教育；有不脱产、半脱产培训，也有全脱产培训。多层次、多形式、多渠道的农民培训，为提高韩国农民素质，发展韩国农业做出了贡献（戴洪生，张瑞慈，2003）。农协的对于农民的教育培训与其他机构相区别，农业领域旨在推广农业新技术、新成果的专业培训，主要由农村振兴厅（集农林部科技局、农业科学院、农业技术推广中心和农业技术培训机构于一体的机构，隶属于农林部，副部级单位）承担；农协成员农户的生产经营知识、技术培训及经验交流，则由农协负责。并且，为成员农户提供教育培训与支持服务是《农协法》规定的农协的责任与义务，无利润可图（李水山，2003）。

2005 年，农民协会将举办 8 000 次农民培训，培训 80 万人次。变市、郡协会为单位举办的培训为与农村社区特色化、专业化农业相适应的农民培训。市、郡支部建立“区域农民教育中心”，使其成为现场实践教育的中心。条件最好的安城、昌宁农协会员教育培训基地以培训培训者和专业农民为主，转变以往集中培训的方式。对培训者的培训也转为 20 人左右的小规模培训，以现场参观、实习体验和讨论为主的“最高技术层面的研究”、“核心畜产技术”等专业农民培训。新开设“现场教育讲师培养课程”，以“新知识化农民”、“新农民”受奖者为主要对象，年计划培训 4 次 100 人。对灵活运用农用信息技术的农民加强信息技术教育。为加强城市居民和农民的联系，新开设“都农相生”教育课程，倡导“农村亲情”运动，进一步促进农协职员的意识革新和竞争力强化教育。农协的农民教育向一切为农民着想、为农民带来实际利益的以现场为中心的教育转变，这是韩国农协在新时期的创意（何静，李水山，周志恩，丁钟佑，2005）。农民出身的朴洪秀就任农林部部长以来，特别重视农村第一线和农民的声音。由 167 名先导知识化农民组成的新知识农民协会已经形成网络，把最鲜活、实用的农业技术和经营办法传播给其他农民和在校农科大学生，成为最为有效的农民教育。

7.2.2.5　农民教育改用培训券制度　培训券制度是德国和荷兰曾实行的新的教育培训制度，接受培训者在接受培训时以培训券的形式支付培训费，目的是为了引入竞争机制，赋予受训者自主权和选择权，以满足不同农民的实际需要，体现教育的多元化、个性化、特色化和人性化服务。培训机构一改以往先作预算领取培训经费的制度，而是农民根据自己的培训需求选择相应的培训，培训机构根据农民按需受训后交付的培训券向有关部门申请、领取培训经费的制度（李水山，赵方印，2006）。

为了提高农民教育的质量，开展农民真正需要的教育培训，韩国农林部于 2005 年改革以往的农民教育方式，首次引入根据农民的实际需要和意愿选择教育培训机构和培训内容的培训券制度。培训券制度可以纠正过去培训机构墨守成规、形式化、大面积、千篇一律、固定模式的培训方式，能确保开展按需求、有计划、分阶段、保重点、重实效的农民教育。培训券制度还可以保障培训计划和内容的及时公开、透明，可以从源头上防止教育培训计划脱离实际和培训经费挪作他用。新制度本身有很多优点和

特征，但不可能一劳永逸，还需要扎实、具体、配套和实施改进的政策和条件，如讲师、教材、具体的培训计划制定和及时公布经费乱用的预防措施等。有利于提高农民教育质量，开展农民真正需要的培训。通过加强收集农民对培训的意见和建议，矫正出现的问题，逐步完善培训制度，还需要做更多细致的工作（李水山，2005）。

7.2.2.6 政府对农民的教育培训给予了很大的财力支持 韩国政府在农民教育培训上面给予了很大的财力支持，如上述提到的几项农民教育培训政策中政府都承担了大量的经费。专业农民培训费的20％～60％由政府扶助教育培训券支付，2005年，韩国农林部拿出3.5亿韩元逐步示范推广。再例如韩国江原大学的每年组织110名农业、林业、畜牧、信息等学科专业的专职教师、研究生开展农村科技咨询“119”活动；自1994年始开设了为期1年的高层次农民教育，选拔高中以上、具有较高生产经营规模效益和水平的青壮年农民，组织他们每星期五一整天授课，培训1年；目前正在准备为期2年的教育课程，还有教师利用假期到农村巡回指导的农民教育制度。这些活动的经费由道政府负责，仅农民培训就达到人均300万韩元（人民币2.6万元左右）。韩国政府正在组织实施“振兴社区发展和人力资源开发计划”，每年投入3 000多亿韩元（李水山等，2006）。

7.2.3 韩国农民教育对我国新型农民教育的启示

韩国的农民教育培训在很多方面取得了一定的成就，值得我们借鉴，但是不能照搬，因为毕竟两国的农村存在一定的差异性。

首先，制定相关农民教育的法律法规。从前文介绍我们可以看到，韩国在农民教育方面的法律法规很多，包括部分相关的共有十余项，而且法律级别也很高。这些法律法规保证了韩国农民教育培训的较好进行。而这方面正是我国的薄弱之处，所以我国政府也应该制定农民教育培训相关的法律法规，对农民的教育和培训作出明确的界定，一方面提高农民教育培训的法律地位和权威，另一方面有利于其作为一项固定的长期的制度措施来操作和执行。

其次，培养后继农民和专业农民可以在我国进行试验推广。城市化和工业化的发展使得世界上很多国家面临着农业衰落和农村人才大量流失的难题。在韩国，这一难题在政府的努力下获得了部分缓解，其组织实施的对后继农业者和专业农民的选拔、教育，对非农科人才的引导、鼓励回流创业等政策都对韩国农业、农村的发展起到了一定的积极作用。在我国新型农民的教育中，也可以尝试这种主动引导、培养，并通过支援培训经费和提供优惠贷款的方式扶持其发展并壮大的做法，从理论上来说，应该会有助于实现我国新农村建设的人才培养目标。

第三，韩国对于青年农民开展的农民教育是一项很有远见的政策战略，应该作为我国新型农民教育的重要策略。长期以来，我国农村地区的教育与城市的教育实行的都是标准化的应试教育，农村青少年虽然生在农村、长在农村，但是对农村和农业并没有很深地了解，对农村建设也没有很强的热情。高考制度对人的强制分流在农村青年的最终流向上却未得以体现：不管是否考上大学，农村青年最终基本上都流向城市。因为考上大学的农村青年在大学毕业后基本在城市寻求自己的发展，没考上大学的农村青年也流入到城市打工。因此，对那些农村青年尤其是那些没有考入大学的农村青年进行引导、鼓励、支持、再教育，并为他们创造从事农业的机会和条件，为他们提供回农村创业的知识、技术培训和资金支持等，这部分人将构成未来新农村建设的中流砥柱，关系着农村、农业的兴衰。

第四，韩国有着发育相对成熟的农协，且大部分农民都加入了农协，这一农民合作组织在韩国的农民教育培训方面发挥了很大的作用，但与我国的情况不太符合，故难以借鉴。因为，虽然我国也进行了农民合作组织的教育，但是效果不是很理想，入社的农民不是很多，一些地方虽然成立了农民合作组织，但是并没有发挥什么实质性的作用。因此，短期内我国还难以做到借助农民合作组织的力量开展农民教育。

最后，政府应该成为农民教育培训的投入主体。从韩国的情况来看，他们对于农民教育的投入很高，但并不是盲目地对所有的农民一视同仁，而是重点用于教育后继农民和专业农民。为了使有限的财力获得最大的效应，我国政府在农民教育的投入上也可以分类区别对待，有些教育项目适合于向所有的农民开展，而有些只针对个别有资格、有条件的农民。此外，灵活设置培训内容，真正按照农民的需求来办农民教育，从这个意义上来说，“农民教育培训券制度”或许是一种比较优化的方式。

7.3　德国“双元制”教育经验及其对我国农民职业教育的启示

双元制教育是德国职业教育最突出的特点和最核心的组成部分（James C. Witte 和 Arne L. Klallebberg，1995）。1964 年德国教育委员会（German Commission for Ed-

ucation）撰写了一份关于职业教育和培训的报告，首次提出了“双元”这一新名词，即同时在企业和培训学校接受培训的体制（Kutscha，1996）。德国 2/3 的青年都接受这种教育体制的培训，培训类别几乎涵盖了经济发展每一个领域（Cynthia Miller Idriss，2002；Hubert Ertl，2002）。这一制度为德国做出了巨大的贡献，为德国培养了大量优秀的技术工人①，赋予德国制造业持久的国际竞争力，造就了德国经济的腾飞，尤其是第二次世界大战后的崛起（Immerfall&Franz，1998；Surin，1999；James C. Witte 和 Arne L. Klallebberg，1995）。尤其是在同期欧洲国家普遍较高的青年失业率下，德国这种双元制教育体制却能够实现从培训到就业的相对平滑过渡，缓解了这种青年人的高失业率的问题，在过去 30 年一直保持了相对较低的青年失业率（Benner，1992；HMI，1991），这引起了国际社会广泛关注，成为各国效仿的楷模。如英国政府 1991 年提出实施义务教育阶段后的改革，在英国建立类似于德国的教育结构(罗莎琳德・M. O. 普理特查德，1994)。因此，探讨我国农村地区的教育改革问题，不能不对德国双元制职业教育模式进行研究。本书通过对德国双元制职业教育模式的研究，在对其主要做法、成效的回顾分析之后，重点分析双元制教育成功的经验和发展过程中遇到的问题，在我国农村教育体系重构和职业教育改革中有无借鉴意义，是否具有可移植性，如何进行比较借鉴，需要注意哪些方面的问题。

7.3.1 德国“双元制”职业教育模式的主要做法及成效

德国双元制职业教育是对未满 18 岁的学生进行的义务教育，对象为除了上大学以外的中学毕业生（Christopher Dougherty，1987）。接受双元制培训的学生必须具备普通中学或实科中学（相当于我国初中）毕业证书，自己通过劳动局的职业介绍中心选择一家企业，按照有关法律的规定同企业签订培训合同，找到一个具有工程师职称的师傅，由师傅推荐到相关的职业学校登记取得理论学习资格（苗庆贵，2003)，但目前的双元制教育对那些自己没有找到学徒岗位的学生也提供培训，增强了双元制教育的灵活性（Cynthia Miller Idriss，2002）。双元制教育中的“双元”有三层含义：一是施训者的双元，即企业和职业学校分别是培训不可缺少的二元，而在这二元中，企业是培训的关键，占主体地位；二是受训者身份的双元，受训者既是职业学校的学生，又

---

① 据统计，在过去十年内，这一教育体制每年为德国培养 60 万个学徒（James C. Witte 和 Arne L. Klallebberg，1995）。

是企业的学徒，有着双重身份；三是学习内容的双元，即“学校理论教学”和“企业技能训练”的双元，强调理论与实践的密切结合（闻友信、周稽裘，1989；罗莎琳德·M.O. 普理特查德，1994；胡永东，1995；Chaturvedi P K，2000；苗庆贵，2003）。

德国是一个资源贫乏的国家，创造财富的主要途径是通过掌握技术手段的工人，把进口的原材料加工成在国际市场上有竞争力的高档产品（闻友信、周稽裘，1989）。这种企业与学校联手、理论与实际结合的培训模式保证了德国产业工人的质量，为德国制造业赢得了良好的口碑。同时，这种交叉结合、循环往复的培训方式，使青年学生可以尽快地适应社会、适应企业、适应工作，大大减少了学用“两张皮”的弊病（冯洁，2006）。更重要的是它使一些贫困家庭的青年得以获得继续教育的机会，节约了大量的国家预算，对于整个德国国民素质的提高具有重要意义。

7.3.1.1 企业层面——企业获得廉价且稳定的劳动力 双元制教育中，企业不必进行广告宣传和甄别过程就能获得大量的廉价劳动力，不良就业的风险也较小，还可以从研究所获得免费的咨询服务（Chaturvedi P K，2000）。双元制职业教育形式下的学生大部分时间在企业进行实践操作技能培训，而且接受的是企业目前使用的设备和技术，培训在很大程度上是以生产性劳动的方式进行，从而减少了费用并提高了学习的目的性，有利于学生在培训结束后立即投入工作（苗庆贵，2003）。工厂输送经验丰富、熟悉生产的技术人员来担任实习教师，并为学生提供良好的生产实习条件，最终为德国企业提供了大量高质量的产业工人。受训者质量越高，企业收益越大，办学的积极性就能长期保持（闻友信、周稽裘，1989）。

7.3.1.2 国家层面——实现人力资源的增长和政府支出的节约 双元制教育实际上减轻了国家的财政负担。不仅实现了技术人力资源数量和质量的增长，而且节约了政府的开支，因为通过以企业为主体开展职业培训，提供了大量培训岗位，国家就不需要提供那么多的大学和技术机构（Chaturvedi P K，2000）。据统计，在德国由工厂直接建立的教学车间全联邦近 5000 个，全年承担双元制培训总人数为 180 万人，为此每年工厂投入的总金额达 230 亿马克。而同期国家用于职业学校的总经费才 70 亿马克，如果不实行双元制，国家就没有这样大的力量来发展职业教育（闻友信等，1989）。

7.3.1.3 个人层面——双元制解决了贫困家庭青年的教育问题 一方面，在双元制教育模式下，求职者或多或少有了就业和文凭的保证，这使得他们对自己的工作很忠

实，这也是企业愿意看到的（Chaturvedi P K，2000）。

另一方面，双元制教育模式在一定程度上解决了贫困家庭青年的教育问题。贫困是一个世界性的问题，由贫困导致的教育机会不公平进一步加剧贫困这一恶性循环也已被世人所公认。而德国的双元制教育模式在一定程度上解决了这个问题，徒工培训津贴原则保证了出身贫困家庭的青年有机会完成学业（周丽华，1999），它使贫困青年也能获得教育机会，并通过教育培训实现就业，脱离贫困，从某种意义上说是为不发达地区的减贫作出了贡献。并且双元制教育与其他教育一并列入义务教育体系，18岁之前都必须接受继续教育，这一强制性的措施排除了父母对子女接受教育的干预，保证了子女的教育机会不被剥夺。

7.3.2 德国双元制教育为什么成功了？

双元制教育尤其是在其发展鼎盛时期，适应了当时社会发展的要求，长期保持了青年的相对高的受教育水平和低失业率。其成功除了特定历史背景、经济环境①等因素之外，还有一些国家层面的支持和保障措施来保障了双元制教育的有效实施。

7.3.2.1 法律保障——双元制教育有专门的立法 德国职教立法保证了职业教育的有效性，使职业教育变成校企合作、企业为主的教育体制，双方严格遵循《职业教育法》和《教育法》的规定，履行着各自的权利和义务。在这种制度的保证下，企业均把职业教育作为“企业行为”来看待，有着一整套完善的培训体系。不仅有相应的生产岗位供学生生产实践，还有规范的培训车间供学生教学实践；不仅有完整的培训规划，还有充足的培训经费；不仅有合格的培训教师和带班师傅，还有相应的进修措施等，使得整个职教体系得以有效而顺利的开展（雷光正，2000）。

法律使得这种教育在某种意义上带有一定的强制性。在德国接受职业教育是一种法定义务，青年人不论是直接上班赚钱还是失业在18岁前都必须继续接受教育（Hubert Ertl，2002）。在德国接受双元制培训的青年人由法律颁布之初的50%上升到1992年的70%（罗莎琳德·M.O. 普理特查德，1994）。

此外，法律保障双元制教育的经费投入。按照德国《职业教育法》及其他法律的规定，职业教育经费由联邦、州政府及企业分别承担。州政府负责教职工的工资和养

---

① 传统的双元制教育体制能够对区域内人才需求进行预测，并根据需求来培养学徒，保证了市场需求和劳动力培训的对接（Cynthia Miller Idriss，2002）。

老金等人事费用，市级政府负担校舍及设备的建筑与维护费用。企业的职业教育经费完全由企业自己负担，同时设立国家基金对承担培训任务的企业予以资助（苗庆贵，2003）。

7.3.2.2　制度与组织保障

7.3.2.2.1　劳动准入制度　劳动准入制度是保证德国职业教育发展的重要条件，没有经过职业教育的人在德国不能获得就业岗位（苗庆贵，2003）。

7.3.2.2.2　协调机制——成立委员会协调职业学校与企业的关系　联邦、州和地区级委员会的职能是调节并且促进企业和学校间的合作关系。委员会成员包括学校代表（教师、学生和父母）、雇主、受雇人员和工商企业部门的其他代表（罗莎琳德·M. O. 普理特查德，1994）。

7.3.2.2.3　有一个相对完备的职业教育结构，且教育体系灵活　德国实际上有一个职业技术教育体系，保障了双元制教育模式下的培训并非停留在中低级技工培养上，使技术员能够通过进一步的培训和再教育成为高级技工人才。如技术员学校、师傅学校就以招收职业学校毕业，经过 2～5 年工作实践的人员入学为主渠道，同样也允许各类职校的学生，通过职业补习学习、职业高中补足文化进入普通高校学习。据 1984 年统计，各类职业技术学校共 6 304 所，在校学生 240 万人。其中高等专科学校 165 所，专科学校 956 所，职业补习、职业高中 2 862 所，职业学校 2 321 所，这种教育结构使受教育者有充分选择的余地（闻友信，周稽裘，1989）。

在基础教育结束后的每一个阶段，学生都可以从普通学校转入职业学校。接受双元制培训的学生，也可以在经过一定时间的文化课补习后进入高等院校学习（苗庆贵，2003）。

7.3.2.2.4　“职业培训年度报告”制度化　1977 年，德国第一份《职业培训年度报告》出笼，并形成制度。《职业培训年度报告》刊明了提供培训场所和对培训场所有需求的区域和部门，也对来年可使用的培训场所做了预测，为人们提供需要的职业信息和职业培训的发展趋势（陈光华，孙志河，2001）。

7.3.2.3　有效的职业引导　有效的职业引导是德国“双元制”取得成功的一个重要因素和前提保证（冯洁，2006）。

7.3.2.3.1　发掘职业兴趣　德国从小学就对学生进行劳动教育，一般叫“常识课”。如巴伐利亚州小学每周 4 节常识课，其中 2 节为史地、自然常识，2 节为手工劳作，包括纸工、编织、木工、陶器等。中学第一阶段，劳动课理论与实践并行。理论课主

要讲授生产劳动和就业问题的理论知识，包括生产、工序、效益和环境保护等。实践课分必修和选修两类，必修课一般为通用的工具类，如办公技术、制图、打字、销售等；选修课由低年级向高年级逐步从纯手工向技术型、智能型过渡，如缝纫、家政、木工、电子、财会、商业、管理等。这些劳动课带有很大的职业导向性，学生可根据自己的爱好加以选择，也可通过实践来发掘自己的职业兴趣点。在完成中学第一阶段学习，取得毕业证书之前，还需进行为期 3 周的实习，以提高了解所选单位和岗位的基本情况和特点，并确定自己是否喜欢和适应这样的职业。这对学生毕业后应聘职业岗位是非常有利的（冯洁，2006）。

7.3.2.3.2 提前分流教育 在 4 年小学学习结束后，学校与家长就根据学习情况记录，为学生选择相应的中学，即主体中学、实科中学、文理中学或是涵盖这三种形式的总体中学。家长和学生都清楚，进入主体中学、实科中学的主要目标不是为了将来进入大学而是接受职业教育。在后续学习中，学校和学生都十分注重对职业兴趣的引导和培养。因此，中学毕业获得接受职业教育的资格后，学生由于有充足的心理准备，大都非常自豪，带着一种成功的喜悦进入企业和职业学校接受再教育。只有文理中学的目标是为高等学府培养、输送未来的大学生，但同样有相当一部分学生也选择了接受职业教育（冯洁，2006），大概 3%～7%（闻友信，周稽裘，1989）。

7.3.2.3.3 加强择业引导 德国“双元制”中企业起着很大的主导作用，因为企业清楚地意识到，这是在为自己培养后备人才，所以从招聘到管理都是由企业来完成的。德国企业在招聘员工时，非常注重应试者的职业意识和职业兴趣。如在 BOSCH 公司招聘工作中，结构化面试部分不可缺少的就是职业导向和职业兴趣的问题，评分表共有 5 项，其中 2 项是职业选择和职业期望，其他 3 项则是实践判断能力、辩论能力和联络能力。德国企业乐意在培养后备员工上下气力，自己招进来自己培训，最后再确定是否留下，双方都能很清楚地了解对方，这对以后的工作及将来的再培训非常有利。再比如德国 BASF 公司的化验员等全部是自己培养的，从不从外部直接招进来，员工的素质得以保证，产品的质量也就有了保证。对比之下，由于教育体制的原因，我们国家初中毕业后的中考，基本上是对学生进行了强行分流（冯洁，2006）。

7.3.2.4 以企业为主导的双元制教育模式保证了企业利益和目标的实现，使得企业有较强的参与动机 在以企业为主导的双元制教育中，企业对培训的课程和体系有较强的支配和控制力，保证了企业能够将自己的想法和需求在双元制教育模式中付诸实施（Chaturvedi P K，2000），较好地契合了企业利润最大化的发展目标，大大调动了企业的积极性，所以企业广泛参与进来，推动了双元制教育模式的可持续性。

7.3.3　启示：中国农村教育改革中如何借鉴德国的双元制教育

职业教育和培训模式的选择是关系社会如何运行和在这个社会里面如何实现人类的繁荣的更大的政治层面选择的结果（Christopher Winch，1998）。也因此教育改革是一个复杂而系统的问题，需要考虑多方面的因素。德国的双元制教育模式为德国的经济发展作出了重大贡献，但是其发展过程中也面临着一些挑战，尤其是在 20 世纪 90 年代，陷入了困境，并遭到很多学者的质疑。Lehmann W（2000）和 Cynthia Miller Idriss（2002）的研究均认为经济结构调整、岗位重组、雇佣方式的改变以及越来越多的青年人倾向于高等教育是德国双元制教育模式的主要挑战。德国双元制培训中岗位供求的矛盾突出，不仅存在总量失衡，供不应求[①]，而且存在结构性失衡，这一方面导致受训者在培训结束后相当比重的失业[②]，另一方面德国一些新兴产业如信息技术、传媒等部门因招不到合适的人而存在大量的岗位空缺。德国政府采取了很多措施（包括增加双元制教育的灵活性和培训内容的兼容性）来应对这些挑战，对问题的缓解起到了一定的作用，但是并没有解决一个最基本的问题——更准确地计算经济的需要，并根据需要开展培训，以确保每一个年轻人都有平等的获得工作机会的权利（Cynthia Miller Idriss，2002）。

尽管如此，双元制教育模式依然有很多值得我们借鉴和学习的地方，而其目前面临的问题也是我们在借鉴该教育模式对我国农村教育体制改革和职业教育体系构建过程中需要注意的，如何来避免这种问题也正是需要着重思考的。因此，本部分从德国双元制教育的成功与困境两方面来分析我国农村教育如何进行选择性学习和借鉴。

7.3.3.1　德国双元制值得我们借鉴和学习的地方

7.3.3.1.1　社会资源动员方面——企业的广泛参与　企业的广泛参与是德国双元制

① 与东德其他社区一样，Leipzig 劳动力市场形势极其紧张，在 1977 年招聘第一轮开始时，Leipzig 的劳动管理部与当地一家报社联合启动一项旨在寻找更多培训岗位的运动，在报纸上刊登毕业生的简历和求职意向，300 个登报的毕业生中只有 35 个找到了培训岗位。据有关部门统计，截至 5 月份，只有 47 600 个培训岗位，而同期申请学徒岗位的毕业生有 116 300 人（Karen Evans，Martina Behrens，Jens Kaluza，1999）。

② 年轻学徒结业后失业的比例从 1995 到 1996 增加了 7.5%，1996 年学徒（完成学业的）登记失业率达到 25.5%，而在东德，只有不到一半的学徒在培训后能够留在培训单位工作（BerufsbildungsberichtBerlin，1999，pp. 103 - 104.）。

教育模式的特色和优点。一方面说明德国企业具有较强的社会责任感，但更重要的是德国双元制教育体制契合了德国企业的利益目标，符合它们追求利益最大化的要求。双元制培养出来的学生直接在企业就职，使培训企业直接获利，并且使得企业很容易就获得了大量廉价的劳动力，所以企业有参与培训的积极性。同时，节约了大量的政府开支。目前，虽然企业提供的培训工作在减少，导致政府教育培训成本不断增加，越来越多的公共资金被用来补贴提供培训的公司，在柏林的这一比例从 1994 年的 48%上升到 1997 年 52%（Cynthia Miller Idriss，2002），但我们应该看到企业依然解决了将近一半的培训成本。

这说明鼓励企业广泛参与是一种很好的职业教育培训方式，它有助于解决我国农村地区资金贫乏，政府投入不足，培训机构较少的难题，进而在一定程度上解决农村人口尤其是家庭贫困的农村青年人的教育问题。不仅仅鼓励企业参与到教育机会的提供中来，还可以动员一切可以动员的社会资源参与到农村教育办学中来，动员社会力量办好农村教育，为更多的农村青年提供适宜的教育机会。

7.3.3.1.2　价值观方面——对职业教育的重视　德国对职业教育的重视是我国难以比拟的，将双元制作为一种强制性的教育，上升到义务教育的层面，并且在德国没有职业资格证书的人无法进入劳动力市场，2/3 的学生都接受了这种教育。除了这种国家层面的硬性规定以外，观念也很重要。在德国，人们将职业教育与文化课教育同等看待，甚至更加看重职业教育①，这与我国形成反差，对目前我国过分强调智识教育、升学教育的农村教育是一种启示。我国尤其是那些父母普遍认为唯有接受“正规”教育，考取大学才是最重要的，也几乎是子女的唯一出路，因此只有那些学习成绩较差，考不上大学的学生才会被送去职业学校，他们在心里早就为教育贴了“标签”。古代“万般皆下品，唯有读书高”说的也是考取功名做官的“圣贤”教育。所以对于职业教育的不重视是有历史渊源的，在我国根深蒂固。

所以，我国一方面要通过宣传来逐渐改变人们对职业教育的偏见，另一方面我国的农村教育应该将办学焦点转移，从单一的、以升学为唯一办学目标的智识教育转移到开展多元化、符合农村人力资源特征和社会需要的办学模式上来，培养农村发展真正需要的多元化人才。

---

①　在过去的 20 年内，德国学生不是选择上大学，而是更多的选择进入职业教育体系，或接受职业培训（James C. Witte 和 Arne L. Klallebberg，1995）。

7.3.3.1.3　密切结合理论与实践的办学理念　德国双元制教育自始至终贯穿的一条理念就是理论与实践的结合，所以学生被要求同时在企业和学校接受两种不同性质的教育培训，并通过两种毕业证书制度来强化企业在培训中的地位，解决理论与实践"两层皮"的教育问题。

这个问题也是我国教育中面临的普遍问题，因此在我国农村办学中我们应该贯穿这样一种思想，以实践为依据设计农村教育体制，尤其是农村职业教育体系的构建要体现社会需求和经济发展的需求，而不能脱离实践，纸上论道。

7.3.3.1.4　有效的职业引导不仅是重要的而且是必要的　农村地区由于信息相对闭塞，农村孩子的眼界也相对较窄，加之父母的受教育年限普遍不高，在孩子的人生规划上有时候难以做到有效地引导和规划，大部分家长都只有一条思路让子女好好学习考大学，极度忽略孩子的兴趣爱好，也不知道孩子究竟具备哪些方面的潜质，致使大量没有考上大学的青年游荡在社会上，或者从事低技能高劳动强度靠青春吃饭的工作，是国家的浪费也是个人的遗憾，并且在这部分人步入老年阶段时会成为国家的负担和隐患①。国家在大的教育方向上做好宣传、咨询和引导工作，在农村教育体制设计上尽可能合理、多元，体现农村人力资本的特点，这一问题应该会得到缓解。

7.3.3.2　德国双元制教育过程中出现的问题及其对我国农村教育改革的启示

7.3.3.2.1　避免过度依赖企业，政府应该承担更多的教育供给和监管责任　对企业的过分依附，是德国"双元制"职业教育的致命的弱点，也是经济衰退时期德国培训岗位锐减的主要原因之一，进一步加剧了经济萧条和失业。因为企业总是从自身利益出发来决定其投资行为，其中也包括在"双元制"职业教育中的行为。双元制的这种依赖性潜伏的一个危险便是，它极易受经济危机的侵袭。当经济萧条时期来临之际，各企业通常都会采取降低生产成本、裁减员工等相关措施，以使自己的损失最小化。这时减少徒工培训位置与培训设施便是其当然的决策。事实上，经济结构的迅速调整、新技术的引入和劳动岗位的锐减，是导致德国"双元制"陷入困境的最主要原因(Karen Evans，Martina Behrens，Jens Kaluza，1999)。德国政府已在传统双元制教育的基础上增加政府的干预与支持力度，包括由政府直接提供部分职业教育培训中心，对提供培训岗位的企业进行补贴，缓解培训岗位的短缺问题，使更多的学生能够获得

---

① 这部分外出打工、一般没有社会保障和养老保险的劳动者，高强度的劳动对健康的损害在老年期很可能会暴露出来并加剧，他们老年的生活与医疗势必成为国家的负担。

培训机会。

所以，在我国双元制教育模式的借鉴过程中，一方面应该通过宣传、设立优惠政策等手段鼓励企业参与进来，充分发挥企业在职业教育培训方面的优势，另一方面要明确政府作为投入主体的理念，并发挥监管作用，对教育质量进行把关。

7.3.3.2.2 增加专业设置的弹性，并根据经济发展的要求进行更新和调整 德国双元制教育在内容设置上主要存在缺乏弹性和老旧两个问题，使之培养的人力资本不能满足现代社会对人才的需求，给德国社会带来了很大压力。

受传统的师徒培养模式的影响，德国“双元制”教育是以职业而不是以学科专业来确定培训计划的。这种职业专门化的培训方式的优点是，培养的人专业化程度高、实用性强。但它的不足却随着经济社会的发展而逐渐暴露出来。

这种以职业为核心划分培训岗位的模式使得职业之间兼容性较差，各培训内容相互隔离，不利于人才的跨行业跨部门转移（Hamilton，1992；Sloane，1997；Cynthia Miller Idriss，2002），不能应对目前变幻莫测的经济环境，更难以适应现代职业对从业人员的需求。

此外，现有培训种类与经济结构不匹配，难以跟上新兴产业部门对人才的需求，而是继续提供大量没落产业所需要的人才，这也是这种培训体制面临的主要挑战（Cynthia Miller Idriss，2002；Kutscha，1998）。比如，德国的信息部门曾有上万个岗位空缺，德国前总理施罗德（Schroede）和产业领导人曾预计到 2003 年至少增加 4 万个相应的学徒岗位，但这依然无法满足 IT 产业的人才需求。相反，在手工业和制造业部门，仍然有无数的学徒在接受已经不存在的工作培训（Cynthia Miller Idriss，2002），学徒失业现象严重。

鉴于以上两个方面的问题，目前德国政府正朝着更加灵活的、兼容性的教育改革目标努力，增加在一定范围内可进行跨职业转移的劳动力的培养，增加不同职业之间通用知识或技能的培养上，减少培训之间的隔离程度。以建筑行业为例，改革之后，这些领域的职业培训在第一年针对所有的学徒开设同质的或类似的培训课程；在第二年开设专业课，学徒在三个比较广泛的领域进行职业资格训练；在第三年，学徒在 15 个职业中选择一个进行全面的职业资格培训。这种培训大大增加了培训者在劳动力市场上的灵活性。同时，根据市场需求新增培训岗位。从 1996 年以来，97 个职业培训章程被修改使之与时代接轨，在信息技术、传媒等新兴产业中新开了 31 个职业培训内容，从近 3 年的情况看，已有 3 万年轻人开始在新的职业接受学徒培训。除了增加职业培训内容的兼容性以外，在新的培训体系中沟通、问题解决、批判性思考等能力的培养获得重视。这些能力的培养使年轻人更独立，更具有创造性，能够培养出更符合企业要求的人才（Cynthia Miller Idriss，2002）。

不够灵活和兼容性差是德国双元制教育在 20 世纪 90 年代以后随着经济结构的调整而出现的问题，而这些恰恰就是当初德国双元制教育取得成功的因素之一。从这里我们可以看出，好的教育体制是能够满足时代发展的要求，能够做到与时俱进的教育，任何成功的教育模式都不是一成不变的，都是在特定历史阶段和特定环境条件下，符合了社会经济发展要求的教育。所以我们在借鉴双元制办学理念的同时要提前做好准备，对于经济环境的变化要敏感，这样才能不至于出现德国 90 年代发生的严重的结构性失业问题。其次，经济环境多变，在农村教育的专业设置上不可过细，尤其不能按岗设专业，一个专业对应一个岗位，培养的人才虽然很专，但弹性较差，在信息失衡的情况下，如果出现供远大于求的情况，势必造成大量的结构性失业，浪费资源，也影响社会稳定。

7.3.3.2.3　信息搜集和分析很重要　传统的双元制教育体制能够对区域内人才需求进行预测，并根据需求来培养学徒，保证了市场需求和劳动力培训的有效对接（Cynthia Miller Idriss，2002）。

但在目前瞬息万变的经济形势和其他欧洲国家移民进入的背景下，这一预测变得复杂和困难。研究发现，德国目前的双元制教育发展过程中存在的问题正是缺乏信息搜集，对市场对人才的需求状况把握不够。所以，增强企业之间的信息沟通将有助于解决这些问题。德国 1998 年 59 个旨在改善职业学校和企业之间合作度的试点项目的结果也显示，各个培训点的信息沟通要提高，避免重复培训和信息重叠，在某种程度上提高职业学校以需求为本的理论培训。

我国农村人口众多，信息相对滞后，要做好信息搜集和分析工作不容易。这需要每一个部门积极配合和共同行动，这对于我国农村教育的改革至关重要。

第 8 章 社会主义新农村建设与新型农民教育对策——“社会教育”与“智识教育”并重，培养新农村建设需要的新型农民

新型农民的教育，是一项具有长期性、系统性的工程，也并非单纯是教育部门的工作。要培养符合社会主义新农村建设需要的新型农民，不仅需要着眼于正规的智识教育，更应考虑到全面覆盖各年龄段、不同层次的农民需求，建立一套全方位、多渠道、多层次的新型农民教育体系。

具体来说，包括以下建设内容：

8.1 大力加强“智识教育”之外的“社会教育”体系建设，扩大农村教育的覆盖面，让大多数农村居民能够获得适当的教育和培训

在现有的以升学为目标的智识教育体系之外，从职业培训、社区教育、协同教育等各方面，构建一套“社会教育”体系，全方位覆盖义务教育阶段之外的，16 岁以上的农村居民。结合现有的各种“乡村试验”中总结的经验，因地制宜，与农村社会生活和实践相结合，与社会主义新农村建设的实际发展需要相结合。具体来说，在职业培训方面，根据当地农业生产经营所需要的各种知识和技能，制定相应的课程内容和考核指标体系，完善已有的“绿色证书”教育体系，培养出适应现代农业要求的职业农民；在社区教育方面，结合当地村庄文化，动员社区资源，以社区农民喜闻乐见的方式，丰富其文化社会生活，促进乡村精神文明建设；在协同教育方面，与地方高校、农业大学等教育机构合作，通过定向培养、委托培养等方式教育农村青年，使其在接受相应教育之后回到农村参与建设，同时对引入农村地区的“大学生村官”、“回乡创业者”等人才进行本地化培训，使他们更快地融入村庄社区。

8.2　以“城乡等值化”为目标加强农村公共品服务、提高农民生活质量，为农村地区留住人力资本

农村教育体系的完善，是教育新型农民、为新农村建设积累人力资本的重要手段，但仅有教育手段还远远不够，教育人才、留住人才，更重要的还是要让他们能够在乡村土地上“有所为”、“有所得”。

所谓“有所为”“有所得”，即能在农村地区发挥作用，实现自我价值。目前农村地区无法留住人力资源，一个重要原因就在于人才的“用不上”，农村地区资源的短缺、环境的约束、政策的不足，使得他们无法施展身手，不得不离开乡村前往城市。因此，需要改善农村地区的软硬件环境，以“公共品服务”的等值化为目标，使农村居民对于留在农村、建设农村的未来有更好的预期，才能真正让他们乐于接受相关教育，留在农村，成为“新型农民”。

8.3　针对 16 岁以下的农村青少年，应改革现有的农村义务教育模式和内容，纠正“离农化”倾向

必须承认，由于城乡二元结构的长期存在性，农村人才向城市的单向流动的趋势很长时间内并不会得到逆转。为农村培养“下得去、留得住、用得上”的人才也并不是说将农村学生捆绑在土地上，而是说为农村的长远建设储备潜在人力资源。即使他们并不直接服务于农业，但是通过农村教育而培养出的对于家乡的深厚认同感，会促使他们在未来无论走到哪里都会通过一定的形式为家乡、为农村服务。

应改变目前“象牙塔中办学”的封闭办学模式，解放思想，转变观念，坚持从本地区的实际出发，根据本地本校的特点，办出特色。具体来说：

第一，可以围绕当地的实际生产需要来组织教学，以市场为导向，从当地的劳动力的稀缺状况与结构考虑，真正达到引导劳动力自由流动的“杠杆作用”，使得技能课程教育能够更好地贴近农村生产与经济发展的需要，实现教育与就业的“无缝衔接”，并促进农村地区劳动力资源的合理分配。在课程设置上，塑造出一批能够有利于农村经济发展的人力资本。

第二，严格执行国家新课程标准。改革农村中小学的教育内容，适当安排适应当

地需要的劳动技能和技术教育。围绕当地农业生产实际，适当增加乡土教材尤其是结合当地实际情况的自编乡土教材。通过地方课程与校本课程的开设，介绍农村地区风俗、历史、产业发展情况，使得学生加深对农村、对家乡的热爱和了解与认同感在教育目标定位上，培养一批立志农村经济发展的人才。

8.4 针对16岁以上，脱离义务教育阶段又未能顺利升学的农村青少年，应建立完善的农民职业教育体系，做到“无缝衔接”

完成义务教育后未能继续升学的那部分农村青少年，是当前的新型农民教育过程中需要关注的重点。目前，大部分这样的青少年未能获得适当的职业教育和培训，这对于他们的人力资本积累极为不利，也对于新农村建设后备力量的教育带来负面影响。因此，应该在普及九年义务教育基础上，充分发挥农村各级各类学校智力、技术的相对优势，与农业、科技等部门结合，积极开展与当地经济建设密切结合的实用技术和管理知识教育，培养大批新型的农村建设者，并积极开展以推广当地适用技术为重点的试验示范、技术培训、信息服务等多种形式的活动，促进农业生产的发展。

就目前的农村职业教育而言，必须解放思想，转变观念，坚持“以农为本”，明确农村职业教育的根本目标所在。应当扭转当前盲目追求升学率的错误定位，及时纠正农村职业教育办学目标：应当从农村经济、社会发展的实际需要出发，在培养目标上致力于培养爱农、务农、兴农的实用技术人才，以社会主义新农村建设和新型农民的培养为根本目标，及时扭转当前存在的以能培养出多少大学生为标准来衡量教育质量的目标定位。应当利用各种形式，在广大农村地区宣传农村职业教育的重大意义和重要地位，扭转农村地区对于农村职业教育的偏见，形成崇尚技能、尊重人才的新观念。

在具体的课程设置与专业设置上，应当立足于当地农村经济发展与生产的实际需要，发挥农村地区学校的农口专业的专业优势，以技能培训为主线，围绕当地的实际生产需要来组织教学，而不是盲目地追求所谓的“热门”；同时，农村教育课程的设置还应当以市场为导向，从当地的劳动力的稀缺状况与结构考虑，真正达到引导劳动力自由流动的“杠杆作用”，使得农村职业学校教育能够更好地贴近农村生产与经济发展的需要。

一方面，可以借鉴韩国、德国等相关国家办学经验，制定有关优惠政策鼓励，提倡多层次、多形式、多元化办学的办学理念，除国家举办职业教育外，还积极鼓励各部门、行业、私人企业、社会团体和个人举办多层次、多形式的职业教育。政府通过设立职业教育基金、职业教育券、制定信贷政策等途径，发挥财政资金的引导作用，吸引企业和民营资本参与职业教育办学，扩大资源提供。

另一方面，也可以灵活采用“校企合办”“校乡合办”等多种办学形式，如由学校和企业共同确定培养目标与教学计划，由企业负责向学校提供相应的师资、实习场地、技术指导等，对学生的专业基本技能进行严格培训。当学生完成所有课程以后，就已经成为了具备一定技能的熟练员工，从而实现学生能力和岗位需要的无缝对接。

8.5　针对正在农村地区从事农业生产经营活动的老、中、青年农民，应以社区教育为基础，根据不同的职业需求，分别提供各种培训和教育服务

农村教育不能仅仅“就教育而教育”，仅仅服务于在校学生，满足家长“望子成龙、望女成凤”的期望，还应当服务于农村、服务于社区。学校应当通过现有的硬件与软件优势，成为农村地区知识传播与精神文明建设的窗口，将科学知识、实用技术、致富信息和国家的方针、政策传播到广大农民中去。如加大对所在社区的硬件开放（如体育、图书设施等），提高农村地区人民的生活质量、丰富农村生活。同时，通过软件资源的开放，利用学校的人力资源，通过家长学校、社区学校等形式对农民进行知识、综合素质的熏陶，并成为引领良好社会风尚的辐射中心。

此外，针对在农村地区从事不同类型职业的农村居民，也应该开展不同的教育和培训服务。

8.5.1　留乡务农人员急需劳动技能培训，以使他们成长为农村地区劳动主力

对于以务农为主的农村主体劳动力，应以帮助他们掌握新的农业生产技术，提高其产业化、专业化程度为主要目标，培训方式可以结合“一村一品”的农业专业化改造项目进行包括种植业技术、养殖业技术、设施农业等的农业生产知识培训，把农民

的需要与培训活动统一起来。这部分人大都缺乏系统的职业技术培训，科技素质比较欠缺。因此，要组织农业教育、科研、推广以及共青团、妇联、科协等方面的力量，广泛深入地开展“绿色证书培训工程”“跨世纪青年农民培训工程”“双学双比活动”等，让更多的农业劳动者接受多层次、多形式、多内容的培训，为高素质经营型农民成长奠定坚实的基础。

8.5.2 积极引导乡村能人拓宽视野，使他们尽快成长为新农村建设带头人

在农村地区活跃的各种乡村精英，具有头脑灵活、善于学习、勤于钻研的特点，在生产生活实践中是某一方面的行家里手，在当地农村社区有较高威信。如果对他们加以适当引导，鼓励他们进一步开阔视野，激发他们面向大市场、干大事业、做大买卖的雄心壮志，他们必将在成长为“带头人”式的新型农民，在社会主义新农村建设中发挥更大的领导力和带动作用。

其中，对于农业大户，应考虑其对市场和经营管理知识的迫切需求，以把他们培养成农村社区的示范带头人为目标，采用更系统、更高层次的培训，提高他们的专业化、规模化水平和市场应对能力。

而对于农民专业合作经济组织骨干，应以培养农民的合作理念，普及合作社知识为主，并在这一过程中发现更多的协作型农民，激发他们成立和管理农民合作经济组织的兴趣，引导他们主动学习合作经济组织的运营管理、社员民主参与能力等管理知识，通过软件和硬件支持，加强他们采集和利用市场信息的能力。

8.5.3 对于农村经纪人等开展市场知识、产品营销及金融等方面的教育培训，帮助他们成为农村高素质经营型农民

对于农村经纪人，可按照农业生产资料经营人员和农副产品营销人员两种类型，以培养业务熟练的农村经营中介为目标，开展市场知识、物流管理、农业法律法规、产品营销以及金融等方面的教育培训。这部分人在发展商品经济方面有较多经验，在他们身上存有成长为高素质经营型农民的巨大潜力。

总体来说，要围绕现代农业建设，加强对从事农业生产的农民的培训，以现代适用技术和实用技术培训为主，结合发展现代农业和建设社会主义新农村的要求，加大

现代信息技术、生物技术、清洁生产技术、环保技术等的培训力度，提高农民的科技素质，促进科学种田、科学养殖，切实把农业发展转入依靠科技进步和劳动者素质提高的轨道上来。要紧密结合农时季节需求，开展灵活多样、不同形式的专业技术培训，使农民一看就懂，一学就会，学了能用，用能致富。

8.6　针对引进回乡的各类优秀人才，应在让他们尽快适应农村环境的同时，能够在农村地区发挥价值、创造价值，成为新农村建设的主力军

无论是参与支农的大学生，还是回乡创业的外出务工农民，以及其他以各种方式从城市地区回流到农村的“新型农民”，其共同特征都是希望能够在农村地区有所作为，能够真正在新农村建设中发挥作用、创造价值。

那么，要想要让这部分人才真正成为社会主义新农村建设所需要的“新型农民”，则一方面需要通过在校培训、帮扶等方式，让他们逐渐适应农村地区的生活和环境，另一方面，还需要从资金、政策、项目支持、后勤保障等方面，为这部分人才提供便利条件，使他们能够充分发挥价值，成为愿意长期留在农村地区，参与建设和服务，并能真正融入当地，为当地所用的“永久型”人才。

目前，农村地区居民最迫切的要求是经济发展和收入提高，通过引进项目带动农民致富，既能较好地满足农民群众发展经济的需求，帮助他们提高收入，又能使回流人才有所为，在农村地区发挥价值，并获得农民认可，从而使他们能够真正“用得上”、“留得住”。

对于留学归国人员，我们有“留学生创业基金”鼓励其创业，那么对于回流到农村地区的支农人才，是否也可以考虑设立类似的基金，鼓励他们申请相应的项目来带动村民致富呢？目前国家每年有大量的支农资金投往农村地区，可以从这些资金中抽出一部分作为项目基金，鼓励大学生设计带动村民致富的相关项目，申请国家的资金支持。同时，各地政府也应该在贷款获得、项目审批等方面为回流人才提供支持，以弥补其社会资源相对缺乏的不足，利用他们的知识和信息优势，实现农村地区的发展。